钢箱梁爆炸破坏模式与机理研究

刘亚玲 著

Research on the Failure Mode

and Mechanism

of Steel Box Girder Under Explosion Load

化学工业出版社

·北京·

内 容 简 介

本书共 7 章，在概述了桥梁遭受爆炸破坏特点、桥梁抗爆研究意义及现状的基础上，引出了钢箱梁及其抗爆研究的话题，随后主要介绍了钢箱梁缩尺模型近距离爆炸试验研究、铺装层对钢箱梁抗爆性能影响的试验研究、钢箱梁近距离爆炸下表面压力测试与反射系数研究、钢箱梁顶板区格在爆炸荷载作用下破坏模式分析与研究，以及钢箱梁在近距离爆炸作用下动力响应数值模拟。

本书可供从事桥梁抗爆工作的工程技术人员、桥梁设计人员、防灾减灾专业人员参考，也可供理工科院校土木工程、桥梁工程和防灾减灾与防护工程等相关专业师生参阅。

图书在版编目(CIP)数据

钢箱梁爆炸破坏模式与机理研究 / 刘亚玲著. —北京 ：化学工业出版社，2022.6（2023.6重印）
ISBN 978-7-122-41052-8

Ⅰ.①钢… Ⅱ.①刘… Ⅲ.①钢箱梁－抗爆性－研究
Ⅳ.①TU323.3

中国版本图书馆 CIP 数据核字（2022）第 053861 号

责任编辑：刘　婧　刘兴春
责任校对：李雨晴　　　　　　　　　　装帧设计：张　辉

出版发行：化学工业出版社（北京市东城区青年湖南街 13 号　邮政编码 100011）
印　　装：北京科印技术咨询服务有限公司数码印刷分部
710mm×1000mm　1/16　印张 10¼　彩插 4　字数 164 千字
2023 年 6 月北京第 1 版第 2 次印刷

购书咨询：010-64518888　　　　　　　　售后服务：010-64518899
网　　址：http://www.cip.com.cn

凡购买本书，如有缺损质量问题，本社销售中心负责调换。

定　价：86.00 元　　　　　　　　　　版权所有　违者必究

前　言

　　钢箱梁结构作为桥梁结构承受车辆荷载的直接受力构件，其在爆炸冲击作用下的动力特性和损伤模式，是研究大跨桥梁抗爆性能的一个重要内容。本书通过试验研究、理论分析和数值模拟相结合的方法，对钢箱梁节段缩尺模型在近距爆炸作用下的破坏模式、破坏机理及影响因素进行了深入的研究。

　　本书主要以某悬索桥钢箱梁节段为研究对象，进行了钢箱梁结构的近距离爆炸试验研究。通过改变钢箱梁顶板铺装条件，从钢箱梁顶板的破坏范围及程度、应变值的变化及铺装层自身的破坏程度三个方面，对设置铺装层的钢箱梁模型进行了爆炸试验研究。采用偏离炸药起爆点的超压测试方法，对试验爆炸超压进行了测试，并通过误差分析，在经典理论公式的基础上，对考虑钢箱梁变形破坏的冲击波反射系数进行了研究。应用矩形薄板塑性大变形理论，通过解析法和能量法，对钢箱梁顶板区格破坏模式进行了理论研究与分析计算。在试验的基础上，对钢箱梁顶板厚度与加劲肋厚度改变在钢箱梁顶板区格破坏的影响程度上进行了数值模拟研究。

　　本书可为从事桥梁抗爆工作的工程技术人员、桥梁设计人员、防灾减灾专业人员提供参考，也可作为理工科院校土木工程、桥梁工程和防灾减灾与防护工程等专业师生学习结构抗爆研究的参考书。在撰写过程中，本书得到了国家自然科学基金委青年科学基金项目 51408558 的资助。

限于作者撰写时间及水平，书中不妥与疏漏之处在所难免，敬请读者批评指教。

著者

2022 年 1 月

目　录

1

绪　论

钢箱梁又叫钢板箱形梁，是大跨径桥梁常用的结构形式。在大跨度缆索支承桥梁中，钢箱主梁作为桥梁结构承受车辆荷载的直接受力构件，钢箱主梁的跨度达几百米至上千米，一般分为若干梁段制造和安装，其横截面具有宽幅和扁平的外形特点，高宽比达到 1：10 左右。钢箱梁一般由顶板、底板、腹板和横隔板、纵隔板及加劲肋等通过全焊接的方式连接而成。其中顶板为由盖板和纵向加劲肋构成的正交异性桥面板。

钢箱梁是工程中常采用的结构形式。从多多罗桥到苏通大桥，从杭州湾跨海大桥到西堠门大桥，钢箱梁得到了越来越广泛的应用。目前世界最大跨径海中钢箱梁悬索桥——伶仃洋大桥是深中通道的控制性工程，主桥跨径 1666m，主塔高 270m，通航净高 76.5m，桥面高 90m，相当于 30 层楼高度，预计于 2024 年通车，建成后将是世界最高海中大桥。

1.1 桥梁抗爆研究意义

自"9·11"事件以来，反恐问题成为全世界关注的焦点。由于公共交通设施抗风险的能力低，恐怖组织主要的袭击目标经常锁定在各交通线的枢纽上。2002~2008 年间，全球桥梁恐怖袭击事件超过 187 起，主要为汽车炸弹袭击或其他爆炸装置袭击[1]。已有证据显示，基地组织针对各种桥梁结构的结构弱点和受力点训练其成员有效袭击桥梁及掌握炸药放置的位置[2]。据《全球恐怖袭击数据库》2018 年数据表明，2010~2018 年，每年交通恐怖袭击事件均在 200 起以上[3]。

作为交通线的枢纽，桥梁一旦遭受破坏会造成巨大损失，且修复困难。战争年代，桥梁是精确制导武器爆炸袭击的主要目标[4-7]；非战争时期，桥梁可能遭受易燃易爆物品运输爆炸事故和恐怖爆炸袭击等［见图1.1 (a)］。在 1991 年海湾战争和 1999 年科索沃战争中，为了中断对方的后勤补给和交通运输线，北约发动专门空袭对方桥梁的战役。2007 年，美国奥克兰立交桥油罐车翻车发生爆炸［见图 1.1 (b)］；2009 年中国江西大广高速两辆满载烟花爆竹和黄油的货车因追尾碰撞发生剧烈爆炸；2011 年中国金丽温高速上一辆满载化学品的货车在高架桥上发生爆炸；2013 年中国连霍高速义昌大桥一辆装载烟花爆竹的大货车突然发生爆炸等均为易燃易爆品运输爆炸事故。2014 年，为拖延政府军，乌克兰民间武装炸毁了通往顿涅茨克的公路和铁路上的三座桥梁[8]。爆炸事故成为桥梁面临的越来越严峻的考验。

| （a）伊拉克西部—桥梁遭自杀性炸弹袭击 | （b）美国奥克兰立交桥油罐车翻车发生爆炸 |

图 1.1 桥梁结构遭遇爆炸荷载破坏

从 2002 年开始，美国国家公路与运输协会（AASHTO）与美国联邦公路管理局及美国国家运输研究委员会专门对桥梁与隧道进行了防恐怖袭击安全分析的专家论证，制定了公路桥梁抵抗爆炸荷载的设计指导原则[2]，指出对公路威胁最大的是公路线路关键点的爆炸破坏[9]，特别是桥梁和隧道，建议加强桥梁反恐抗爆研究。但是，由于爆炸事件的特殊性和偶然性，目前各国桥梁规范中及军用规范中仍然只是把爆炸荷载归结为偶然荷载一类，并未单独考虑爆炸荷载对桥梁的影响。我国学者如张玉娥等[9]介绍桥梁应对恐怖威胁的安全措施，讨论恐怖爆炸对桥梁产生的影响，提出相关结构改进与设计方针。林辉等[10,11]对桥梁可能面对的恐怖袭击进行了分析，为基于恐怖袭击的桥梁设计提出了一些具体措施。李键等[12]对既有桥梁事故中涉及恐怖袭击的事件进行了统计，并分析了桥梁恐怖袭击的特点，归纳了大跨径桥梁的潜在袭击方式，介绍了桥梁风险评估的常用方法，总结了桥梁反恐设计的目标以及具体应对措施。目前，我国交通反恐研究尚处于起步阶段，国内学者针对桥梁反恐设计虽然进行了相应的研究工作，但在关于交通设施反恐防爆研究等方面还比较缺乏。

缆索支承桥梁是大跨度桥梁的主要桥型，其遭受恐怖爆炸袭击的风险比一般桥梁大。由于在工程使用中正交异性钢箱梁显示出的突出优点，目前世界上大跨度桥梁的主梁结构形式广泛采用钢箱梁结构形式[13]。目前对钢箱梁研究主要集中在车辆荷载、风荷载和地震作用等方面[14-29]，对其在爆炸冲击作用下的动力响应研究很少，现有桥梁抗爆研究手段主要以数值模拟为主，且集中在爆炸效应（包括爆炸当量和爆炸位置）对其局部破坏模式的影响上。从目前工程结构抗爆数值模拟的情况看，尚存在一些问题，主要是：一方面建筑材料种类繁多，而各分析软件对金属材料具有较好的材料模型，但对复合材料尚缺乏满意的计算模型；另一方面，爆炸冲击荷载作用下结构的破坏形式复杂多样,增加了数值模拟的复杂程度,对分析结果的可靠性需要进一步验证。因此,亟需从试验的角度论证目前已有的数值研究成果,并进一步研究钢箱梁在爆炸冲击作用下的失效模式和破坏机理,从而为后期评估钢箱梁遭遇爆炸袭击后的剩余承载能力和桥梁的通行能力,以及为大跨桥梁抗爆研究提供参考依据。

1.2 桥梁结构遭受爆炸破坏特点

爆炸是一种极为迅速释放能量的物理或化学物理过程。其重要特征是在爆炸点周围介质中发生急剧的压力突跃,从而造成周围介质的破坏或对周围生命体的损伤[30]。爆炸造成的对目标的破坏与爆炸物距离目标物的比例距离和目标的自身特性因素都有关系[30]。大量试验及经验表明,对于结构构件,在考虑其所受爆炸场的作用时,爆轰产物抛掷作用及爆炸产生的地震波作用一般可以忽略不计,只需考虑空气冲击波的超压和冲量的作用,这时爆炸场中仅涉及两种介质——爆轰波和空气。

一般来讲,按照爆炸过程中产生的物理或化学现象,可将爆炸分为三类。

（1）物理爆炸

物理爆炸是一种由于某些介质中的温度或压力突然升高而产生的爆炸现象,如蒸汽锅炉、高压力容器、地震等。

（2）化学爆炸

化学爆炸是物质在短时间内发生急剧释放能量的化学反应导致的爆炸。如炸药爆炸,其反应速度每秒可达数千米,反应时可产生 $3000 \sim 5000℃$ 的高温;另外还有如粉尘、甲烷、乙炔等以一定比例与空气混合所产生的爆炸。

（3）核爆炸

核爆炸是由原子核裂变或核聚变反应释放出巨大核能而形成的爆炸(在爆炸中心区可产生数百万到数千万摄氏度的高温和数百万个大气压及很强的光与热辐射)。其比物理和化学爆炸更具有破坏和杀伤作用。

鉴于化学爆炸对结构物的毁伤事件发生频率高、产生的损伤大,目前结构抗爆主要以化学爆炸为主要设计研究对象。其对结构造成的毁伤具有以下特点[31]:爆炸对建筑物或结构施加的超压值通常远大于其他灾害;爆炸产生的冲击波压力破坏范围有限,会随着起爆点径向距离的增加而迅速衰减,爆炸的持续时间非常短,通常以毫秒计。

　　桥梁结构遭受的化学爆炸主要以炸药和固液态危险品爆炸为主。袭击建筑物及桥梁、隧道等交通设施最常见的炸弹类型为汽车炸弹，其机动性、隐蔽性较好，且装载量及破坏威力大，是恐怖分子最常采用的手段之一[2]。爆炸释放能量常用等效 TNT 当量（又称 TNT 当量）来衡量，其含义为释放相同能量的 TNT 炸药的质量。美国烟酒火器局[32]给出了各种可能的汽车炸弹车型的等效 TNT 当量；美国 TM5-1300 中提出了各种形状爆炸物的 TNT 当量的求解方法[33]。我国的安全生产行业标准（AQ 4105—2008）[34]中指出了以运送烟花爆竹和烟火药车辆爆炸 TNT 当量的试验计算方法。汽车炸弹 TNT 当量范围一般为 200～27300kg[2,35-39]。国外用于危险品运输的车辆 TNT 当量估算，油罐车（60m³）TNT 当量约为 3.8×10⁵kg[40]，国内目前油罐车运输限制最大容量在 40m³ 左右；烟花爆竹运输车辆（后 8 轮车型，底盘高度 1.35m）的爆炸 TNT 当量约为 700kg[41]。根据用途不同、载重量不同，对应炸弹规模有 5 个不同档的 TNT 当量[42]。综合现有恐怖爆炸及危险品运输研究成果，常见汽车炸弹及危险品运输车辆 TNT 当量及底盘高度如表 1.1 所列[2]。

表 1.1　常见汽车炸弹及危险品运输车辆 TNT 当量及底盘高度

项目	车型				
	小轿车	小型客货车	大型货车	大型卡车	重卡载货车（半拖车）
TNT 当量/kg	200～300	500	1000～2500	2500～4000	≥4000
底盘高度/m	0.5	0.5～1.0	1.0～1.5	1.5	1.8

　　恐怖炸弹在数值模拟中通常等效为球形、立方体或圆盘形 TNT 炸药，一般在桥面或桥下爆炸。爆心距桥面可取 0.6～1.0m[2,43-47]（根据汽车底盘高度取值）。与空中自由爆炸不同，在桥梁不同位置爆炸需要考虑桥面板、桥塔、桥墩及地面等产生的对冲击波的反射、汇聚和增强作用[48]。随着炸药制作技术的发展，炸药品类的繁杂，高能炸药对桥梁结构产生的毁伤非常严重，易燃易爆品运输车辆发生意外爆炸事故的频率逐渐增大，同时战争中精确制导武器也会对重大桥梁造成毁灭性破坏[8]。从目前的研究情况来看，桥梁结构的抗爆研究主要困难在于爆炸位置的不确定性、炸药品种的多样性及现代武器的不断发展造成毁伤的不可逆性。爆炸对桥梁结构的危害以由高速飞散的破片导致的破坏和爆炸冲击波的破坏为主。作为服务公共交通的基础设施，桥梁结构遭受爆炸破坏具有下列特点[8,48]。

（1）爆炸作用不确定

爆炸物种类、桥梁结构的外形、爆炸发生时间、爆炸当量、起爆点位置等都无法准确事先预知，桥梁周围环境的复杂性，导致了爆炸作用大小难以提前准确确定。

（2）作用效应分析困难

爆炸作用对结构造成的破坏机理和规律复杂，爆炸过程与其他作用的耦合效应使得难以对其进行理论分析。

（3）以局部破坏为主

爆炸冲击波会随着爆心与结构的距离增加而发生快速衰减，故爆炸作用破坏范围小，局部破坏效应比较明显。在近距离爆炸作用下，局部结构或者构件的严重毁坏往往导致整体结构的连续倒塌。

（4）损失巨大，社会影响深远

桥梁爆炸灾害严重时可导致桥梁倒塌，可造成巨大的经济损失和严重的伤亡事故；桥梁作为公共交通运输线路的咽喉，一旦发生爆炸事故，救援困难，会对社会治安和国家安全产生深远影响。

1.3 桥梁结构抗爆研究现状

桥梁设计时通常考虑恒荷载、车辆荷载、风载和地震等可变荷载，目前规范中尚未考虑爆炸荷载。美国国家公路与运输协会（AASHTO）已经详细说明了桥梁设计中应如何考虑船舶的撞击、地震易损性以及车辆碰撞下的作用[32]。但在典型的爆破荷载作用下，桥梁的结构设计尚未有明确的标准。

对结构的爆炸冲击响应可分为理论分析、数值模拟和实验研究三类基本研究方法。

目前理论分析主要用于梁、柱及板等简单构件的爆炸冲击响应分析，爆炸冲击波具有超压峰值大、荷载持续时间短暂、冲击波压力衰减快的特点，桥梁结构的爆炸冲击响应属于典型的动力学问题，涉及流固耦合、高应变率、强非线性和大变形等。由于爆炸冲击荷载作用的不确定性、建筑材料的非线性、材料的应变率效应、桥梁结构复杂等原因，造成理论研究的困难性。

爆炸试验由于受到炸药来源及场地的特殊性要求，试验成本高，周期长，桥梁原型实验费用昂贵，且爆炸破坏性强，风险较大，普通机构和高校很难开展这方面的研究，部队研究所及少数高校科研机构关于爆炸试验的完整资料及相关试验数据由于保密性要求，可公开查阅的资料较少，目前能查到的文献只有少量的桥梁构件缩比模型试验。

数值模拟随着计算机技术和数值方法的发展，已成为桥梁结构抗爆研究的主要方法。数值模拟技术可完整显示爆炸冲击响应过程，弥补爆炸试验的不足，具有成本低、高效快捷等特点。目前比较成熟的可用于结构抗爆数值模拟的商用软件有非线性动力分析软件 ls-dyna、Abaqus、autudyn 等[2]，广泛用于各种结构构件的爆炸数值模拟。

1.3.1 理论研究

一般结构力学理论分析先假定材料为弹性或线弹性本构关系，对所受荷载进行简化处理，假定结构发生小变形等假设，在此基础上进行推导研究。由于爆炸荷载的复杂性和离散性、钢材和混凝土材料动态本构关系的非线性、混凝土材料的非均匀性，很难得到较为精确的解析解用于工程应用。在对结构进行抗爆理论分析时，目前最常用的方法有弹性单自由度体系法（Elastic SDOF Systems 法）、弹塑性单自由度体系法（Elasto-Plastic SDOF Systems 法）[2,49]和反应谱法，前两者可合称为单自由度（SDOF）体系法。对结构构件在爆炸冲击下的动力响应进行理论计算分析，主要应用理论基础为弹塑性动力学、冲击动力学、损伤力学、断裂力学、应力波理论和能量原理等。

等效单自由度体系计算方法建立在试验的基础上，利用能量守恒原理，将爆炸荷载简化为三角形或矩形脉冲荷载或等效静载形式，对梁或单向板结构构件进行简化分析，研究构件在爆炸荷载作用下的变形情况。目前结构构件压力-冲量图的生成主要基于简化的单自由度（SDOF）模型，压力-冲量（P-I）图是一种将冲击和压力两方面的损伤联系起来的曲线图，通常用于防护结构的初步设计或评估，以确定给定的爆破加载场景的安全响应极限。Gannon 等[50]采用单自由度动力分析方法，研究了大跨度梁在爆炸荷载作用下的受力模型，讨论了均匀等效荷载对大跨度模型爆破的适用性。Fallah 等[51]研究了弹塑性硬化和弹塑性软化单自由度模型的 P-I 图，采用无量纲参数将响应分为弹性响应、弹塑性硬化响应、弹塑性软化响应、刚塑性硬化响应和刚塑性软化响应。研究了以屈服应力和应力曲线下总面积为系统特性，以最大位移为响应，将阻力函数表示为双线性的可行性。Shi 等[52]根据钢筋混凝土柱的剩余轴向承载能力，采用参数化研究方法，研究了柱形尺寸、混凝土强度、纵向配筋率和横向配筋率对压力-冲量图的影响。在数值计算的基础上，推导了钢筋混凝土柱压力-冲量关系图的解析式。Fujikura 等[53]研究了圆形钢管混凝土（CFST）的桥梁墩柱的爆炸反应及抗震性能，对钢管混凝土柱缩尺模型进行了爆破试验，并采用了 SDOF 动力分析和基于纤维模型的动力分析法。Rigby 等[54]以稀疏波的声学近似理论为基础，结合 SDOF 模型，研究了稀疏波对弹性目标动力响应的影响。针对工程师比较感兴趣的构件和爆炸事件，开发了相应的设计响应谱，从而能够评估冲击波释放的效果，以及冲击波释放可能增加目标峰值位移的情况。汪维等[55]对单向钢筋混凝土板在爆炸荷载作用下的弯剪响应进行了数值模拟，采用了两种松散耦合单自由度系统。爆破试验结果表明，考虑快速加载引起的应变率效应，SDOF 系统能够较准确地预测板在爆炸荷载作用下的破坏模式。在数值计算的基础上，提出了不同破坏模式和破坏程度下 P-I 图的简化方法和半解析方程。Figuli 等[56]将受爆炸荷载作用的钢梁近似为一个单自由度（SDOF）系统进行分析，利用正、负相位分别用线性衰减和指数衰减估计冲击波，并与相应的实验加速度和应变时程进行了比较，对该结构进行了动力分析。Syed 等[57]基于理想化的结构阻力函数，忽略了与结构响应和爆炸荷载有关的少数参数的影响，推导了基于 SDOF 模型的 P-I 图，研究了阻力函数的理想化、阻尼的包含和荷载上升时间对 SDOF 模型 P-I 图的影响。Lee 等[58]通过数值研究，将 SDOF 弹塑性设计图推广到近场爆炸。

反应谱法是工程结构抗震抗爆设计的基本理论之一，于 20 世纪 40 年代由美国的 M. Biot 首次提出。反应谱是单质点体系最大反应与结构自振周期之间的关系。将反应谱理论用于抗爆分析，需要找到具有不同动力特性的结构在爆炸冲击波作用下的最大反应与结构体自振周期 T 的关系。可以采用反应谱值对时间的积分值（RSI）作为该反应谱曲线的特征值来对所分析的爆炸冲击波进行研究，并以此评估该爆炸冲击波的冲击效应[59]。Gantes 等[60]提出了基于爆炸压力指数分布的反应谱，与实验数据吻合较好。发现通常采用的三角形爆炸荷载随时间演化的假设对于柔性结构体系误差较大，但对于刚性结构则明显过于保守。Kemal 等[61]选择了土耳其一座历史悠久的石桥来估计其冲击谱行为。采用多点冲击响应谱法对该桥梁进行了爆破荷载作用下的动力计算，得到了爆破引起地面运动的加速度时程。利用自行开发的基于 Matlab 的 BlastGM 计算机程序，对地面冲击时程确定的冲击响应谱进行了仿真。将频率变化的冲击响应谱应用于双跨历史石桥的各个支座。分析结果表明，爆破引起的地震动效应与装药重量和距爆炸中心的比例距离有很大的关系。

其他理论研究方法，如 Zhou 等[62]提出了一种计算两跨连续组合式钢梁桥系统常规爆破荷载作用下爆破压力的方法，根据爆炸波传播原理，对某组合钢桥系统的爆炸荷载进行了估算。桥梁设计采用美国公路桥梁设计规范（AASHTO-LRFD）设计方法，根据 AASHTO 规范计算了桥面和组合钢梁的抗剪承载力，考虑了 5 种不同的爆破荷载情况，对桥面板和桥面梁、下部结构墩盖分别进行了研究分析。胡志坚等[63]以近场爆炸条件下的混凝土桥梁为研究对象，结合现有公路桥梁多采用梁板式混凝土，其桥面板具有高宽比和高跨比都比较小的特点，将桥面板做整体薄板考虑，基于动力薄板理论提出了动态控制方程，开展了爆炸荷载作用下混凝土梁板式桥梁动力特性研究，提出了合理控制比例距离是实现桥梁结构抗爆设计的有效途径。

钢箱梁顶板区格可以看成若干个由横隔板、加劲肋等分割而成的矩形板，因此可利用矩形板分析理论对其区格板的破坏状态进行分析。矩形板是结构领域中最为常见的结构之一，如在船舶、航空、建筑桥梁等领域有大量应用。相较于梁、圆板、方板等对称结构，矩形板结构具有不对称性，应力方向比较复杂。Komarov 等[64]基于小挠度理论推导了适用于变形尺度小于 2 倍板厚的情况下矩形板的变形响应解析解。余同希等[65]根据各个刚性板块的运动方程求得矩形板的最终变形的解析解，并通过"膜力因子"解决了板的中面膜力与极限弯矩之间的分配关系。陈发良等[66]在余同希的研究基础上，提出了塑性耗散的膜力因子概念，并将理论结果与实验结果进行了比较分析。张升[67]通过列出各个刚性板块的运动方程及各个板块的变形协调条件，应用龙格-库塔法求解出矩形板的变形过程，并对其理论计算结果的准确性进行了验证。

1.3.2 数值模拟

动力非线性有限元技术通过选择合理的物质模型，利用计算机求解动力方程，使计算结果与实验结果相吻合。通过数值计算，可以提供整个过程的物理图像，并从多方面描述体系的力学机理，反映结构受力及变形过程。目前桥梁结构抗爆研究以数值模拟为主要手段之一。当通过精确试验充分掌握材料本构关系及可靠的荷载变化过程后，就可以通过某种可靠的计算方法进行结构响应行为的仿真计算。桥梁抗爆数值模拟根据爆炸加载方法不同可分为近似加载法和仿真加载法两大类。

近似加载法是指根据手册[33]、软件或经验公式近似计算出爆炸荷载，然后以等效静载或动载的形式施加到结构上的数值计算方法。Gannon[68]使用 Conwep 有限元软件计算汽车炸弹爆炸荷载，然后等效为均布荷载，研究了汽车炸弹在钢桥面板和桥下的爆炸冲击响应。Winget 等[69]针对某混凝土梁桥，计算中使用 BlastX 软件计算汽车炸弹爆炸荷载，并等效为静载，利用 SPAN32 软件研究了汽车炸弹对该桥各构件爆炸冲击响应的影响。Ahmed 等[70]研究了在爆炸荷载作用下，预应力单跨混凝土箱梁的动力响应，利用 LS-DYNA 建立结构 1/4 缩尺模型，利用 BLAST_LOAD 命令，采用了七种不同的当量加载对预应力箱梁的破坏形式进行了数值研究。Suthar[71]分析了在汽车炸弹爆炸作用下某一悬索桥的动力响应；Mahoney[72]对预应力混凝土梁桥、连续钢板梁桥和悬臂桁架桥三种典型桥梁的爆炸冲击响应进行了分析研究。二者均先利用 ATBLAST 计算爆炸荷载，将爆炸荷载等效为静载加载，并利用 SAP2000 进行非线性分析。

仿真加载法是指建立炸药、结构和传播介质（空气、水或土壤等）的有限元模型，基于非线性动力分析平台，分别采用 Euler 算法和 Lagrange 算法计算爆炸荷载和结构响应的数值计算方法。Cimo[73]使用非线性动力分析软件 AUTODYN，针对炸弹在桥下爆炸的情况，采用仿真加载法，讨论了材料参数和网格密度对爆炸冲击响应的影响。Islam 等[74]研究调查了州际公路上最常见的混凝土桥梁类型，并对关键构件的承载力进行了评估。Deng 等[75]对桥梁在爆炸冲击波作用下的损伤和动力响应进行了数值模拟。计算结果表明，在靠近爆炸的区域，桥梁的局部损伤较大，其有限区域与冲击波作用密切相关。Davis[76]对考虑重力作用及地震作用进行设计的 1/2 缩尺桥墩柱模型在近距离爆炸作用下的反应进行了详细的有限元模拟及分析，并专门对爆破设计的柱进行了试验。Zhou[77]提出了一种评估常规爆破荷载对双跨连续组合式钢梁桥体系影响的方法，根据 AASHTO 规范计算了桥面和组合钢梁的抗剪承载力，得到了桥梁构件的等效爆破压力，采用静力分析和动力分析相结合的方法，确定了支承墩的爆破效果。胡志坚等[78]结合实桥爆炸实例并利用有限元软件对桥梁结构的爆炸荷载特性进行了分析研究。Karasova 等[79]综述了用于评价快速动力现象的数值方法和确定结构附近爆炸替代载荷的方法，讨论了开闭空间爆炸的区别。对桥梁内部爆破荷载的影响进行了数值研究。Hao 和 Tang[44]给出了四种桥梁构件（桥墩、桥台、桥面板和主梁）在不同比例距离爆破荷载下进行的数值模拟，并对四种主要桥梁构件之一发生破坏后的桥梁结构进行了逐级倒塌分析，确定了最脆弱的桥梁构件。刘超[80]对跨度为 20m 等截面钢筋混凝土空心板、T 梁和箱梁在爆炸荷载作用下的动力响应进行了数值模拟研究。Karmakar[81]研究了爆炸荷载作用下钢筋混凝土公路桥梁的响应特性，确定了对此类桥梁造成破坏的炸药要求的重量。Pan 等[82]开发了一种多欧拉域方法来对某钢筋混凝土组合梁桥在爆炸荷载作用下的响应进行模拟，研究了在装药重量不同的情况下，三种不同的起爆方案（包括一种甲板上起爆方案和两种甲板下起爆方案）的抗爆能力。Liu 等[46]以高速铁路桥预应力墩为研究对象，采用三维数值模拟模型对其在爆炸荷载作用下的动力响应和损伤机理进行了分析。刘青等[83]采用流固耦合算法，对上承式大跨拱桥在爆炸荷载作用下的响应进行了数值模拟和评估。Shukla 等[84]选取了印度古吉拉特邦苏拉特市跨度 300m、宽度 23m 的斜拉桥利用 SAP2000 有限元软件进行爆破荷载分析。爆破压力按 TM-5-1300 中描述的方法计算并等效为静态爆炸载荷。Zhu 等[85]通过对城市桥梁爆炸危险源的分析，确定了城市桥梁可能遇到的爆炸源类型和爆炸荷载条件。然后在 ANSYS/LS-DYNA 软件中建立了桥梁、炸药和空气的有限元模型，研究了炸药的位置和数量对桥梁关键部位位移响应和冯米塞斯应力分布的影响，分析了桥梁的损伤过程和破坏模式。陈璐[86]以河南省义昌大桥爆竹爆炸为背景，建立了钢筋混凝土简支 T 梁桥数值模型，通过改变炸药位置等参数，模拟多工况 T 梁桥的爆炸，分析其抗爆性能。Hashemi 等[87]建立了某钢斜拉桥的详细有限元模型，并用显式求解器进行了分析。考虑了三种不同的 TNT 当量，即小（01W）、中等（04W）和大（10W），和炸药在甲板上不同的放置位置的影响。Nikhil 等[39]利用 Abaqus 显式有限元软件对桥梁构件在爆炸荷载作用下的响应进行了研究。该桥梁是基于 AASHTO-LRFD 公路桥梁设计规范建立的。Nikhil 等介绍了爆破荷载对桥梁不同临界位置的作用，了解了爆破荷载对不同结构构件的影响及破坏程度。通过对变隔距和 TNT 质量的参数化研究，了解了它们对 AASHTO 梁桥抗爆炸设计的重要性。研究表明，最大位移值随比例距离的增加而减小。Biglari 等[88]采用 ANSYS LS-DYNA 环境有限元技术对普通混凝土桥梁进行建模分析，将爆炸威胁分为三个主要层次，采用非耦合动力技术对桥梁结构进行爆破加载。通过对桥梁构件损伤机理的定量验证，得出了桥梁构件的损伤程度和性能等级。研究发现，在不同的加载情况下，甲板下的爆炸比来自甲板上的爆炸危害更大。张宇等[89]通过对建筑和桥梁抗连续倒塌的研究现状及相关规范进行归纳，对目前桥梁设计方法中存在的问题进行了研究分析，总结了桥梁连续倒塌的特性。Mueller 等[90]针对桥梁工程容易受到的多种灾害（即爆炸、火灾、人为破坏、火箭推进榴弹/迫击炮）提出了一个基于鲁棒性的概率框架设计方法，把所有威胁结果通过一系列广义变量来表达，如相对于场地或位置的结构配置、几何形状（即结构承重构件的布置）、损坏和危害强度措施，为更好地评估事件后的结构行为提供了基础。王向阳等[91]通过改变爆炸作用点位置、爆炸作用比例距离等因素，研究了连续梁桥在爆炸冲击荷载作用下的动力响应和敏感性影响因素。Hu 等[92]对某桥梁在汽车炸弹意外爆炸荷载作用下进行了灾后调查。在分析爆炸特性的基础上，研究了爆炸荷载作用下梁的裂缝分布和变形规律。通过对汽车钢板隔震效果的数值模拟，验证了计算结果的正确性。现场数据和数值结果均表明，车辆的隔震效果对结构的爆炸荷载分布有显著影响。Pan 等[93]对现代三种钢筋混凝土桥梁在不同爆破荷载作用下的性能进行了模拟，包括板上梁桥、箱梁桥和大跨度斜拉桥，采用了基于全耦合拉格朗日和欧拉模型的多欧拉域方法，从炸药的重量和位置以及它们与桥梁结构的相互作用等方面研究了三种桥梁的局部损伤机理和整体结构响应。Thomas 等[94]研究了圆形钢筋混凝土（RC）桥墩柱在车辆冲击、爆炸冲击、顺序车辆冲击和爆炸荷载作用下的结构的可靠性。对五种不同尺寸、不同质量、不同装药能力的车辆进行了分析。研究表明，车辆冲击作用下，结构的可靠性对柱径、配筋率和车速高度敏感。一般而言，爆炸载荷作用下结构的可靠性较低。

从目前工程结构抗爆模拟的情况看，尚存在一些问题：一方面，建筑材料种类繁多，各分析软件对金属材料具有较好的材料模型，但对其他复合材料计算模型尚不完善；另一方面，结构在爆炸冲击荷载作用下的破坏形式复杂多样，增加了数值模拟的复杂程度，使分析结果的可靠性降低。因此，数值模拟只有根据试验进行验证与修改，才能得到较为满意的计算模型。

1.3.3　试验研究

桥梁结构的爆炸实验较少，目前主要集中在对钢筋混凝土桥梁板、墩柱的研究上。Mosalam 等[95]对碳纤维材料提高钢筋混凝土板的抗爆承载力进行了试验研究，同时发现，碳纤维材料对混凝土板承载力可提高200%，并可减小其在爆炸作用下的位移变形。Williamson 等[96]对 10 种不同 1/2 缩尺模型柱进行了爆炸试验研究，并对影响爆破荷载作用下桥梁柱性能的设计参数进行了评价。提出了钢筋混凝土桥柱抗震设计的指导原则，为美国国家研究开发的设计防爆公路桥梁提供指引。Fujikura 等[97]提出了一种能在地震和爆炸荷载作用下（但不同时起作用）提供足够水平的倒塌防护的桥墩系统，并对该系统在爆炸荷载作用下的充分性进行了试验研究。将爆破试验结果与考虑具有弹塑性完全行为的等效单自由度系统的简化分析结果进行了比较。Fujikura 等[98]对 1/4 缩尺的延性钢筋混凝土柱和加装钢护套的非延性钢筋混凝土柱进行了爆破试验。试验发现，按抗震设计的钢筋混凝土柱和钢夹套钢筋混凝土柱在爆炸荷载作用下没有表现出延性，其底部发生剪切破坏而不是弯曲屈服。文中提出了一种考虑弯矩作用同时截面抗剪能力降低的弯矩-剪力相互作用模型，对试验结果进行了较好的解释。清华大学抗震抗爆工程研究所陈肇元[99]进行了钢筋混凝土构件在静速、快速荷载及爆炸压力荷载作用下的动力反应的研究和比较。这些试验研究的开展，为研究爆炸冲击荷载下构件反应的基本规律，进一步开展桥梁结构构件，尤其是墩柱构件理论研究和数值分析提供了重要的基础依据。彭胜[100]利用实验方法，通过对桥梁的桥面均匀添加钢纤维，研究了这种加固方法对混凝土 T 梁桥整体抗爆的影响，并指出该桥在爆炸荷载作用下的最不利位置及防止连续性倒塌的措施。Foglar 等[101]进行了钢纤维混凝土（UHPFRC）全尺寸桥面板在近场爆炸荷载作用下的全尺寸爆破试验，研究了全尺寸爆破试验结果与混凝土材料性能的关系，发现采用玄武岩网孔的 UHPFRC 试样比常规的 UHPFRC 试样内部损伤程度更大。将玄武岩网格放入 UHPFRC 试样底部的混凝土中，可以改善爆破性能，表现为剥落面积和碎片体积减小。同时 Foglar 等对这一现象进行了数值分析，发现这是由激波的内部回弹引起了试样内部应力的局部增大而引起的。Hajek 等[102]介绍了混凝土基复合桥面在近距离爆破荷载作用下的全尺寸爆破试验结果，提出并试验了三种不同非均质性程度的叠合楼板：沿试件深度分布的多层玄武岩纤维网格楼板、总厚度为 100mm 的再生纤维布楼板和典型的空心预应力楼板；研究了爆炸损伤程度与复合材料特性的关系；对近距离爆炸对试样的损伤进行了详细的研究，发现所有测试的复合试样都有明显的分层现象，层状复合材料的非均质性将内部回弹引起的爆炸损伤转化为层状分层。杜刚[103]通过试验对钢筋混凝土 T 梁桥和箱梁桥在不同爆炸条件下（药量、起爆高度、爆源位置）的动态响应进行了试验研究，并利用大型有限元软件 Abaqus 对其在爆炸荷载下的动态响应进行数值模拟，并与试验结果进行了比较。

总结以上文献，彭胜、杜刚做了关于钢筋混凝土 T 梁桥和混凝土箱梁桥的抗爆性能试验研究，其他大部分试验研究集中在桥梁构件如桥面板、墩柱等的抗爆性能的研究上。

1.4 钢箱梁抗爆研究现状

钢箱梁作为大跨缆索支撑桥梁的重要组成部分，构造复杂，难以采用理论分析方法，钢箱梁抗爆试验研究的相关文献很少，现有钢箱梁抗爆研究以数值模拟为主。国外学者 J. Son、EKC Tang 等对大跨度斜拉桥中正交异性钢箱梁桥面板及其他构件的爆炸动力响应进行了深入细致的数值研究；国内蒋志刚、胡志坚、朱新明等对钢箱梁抗爆进行了较为全面的数值模拟研究；中北大学的刘亚玲、耿少波等对钢箱梁在爆炸荷载下的抗爆性能进行了相关的试验研究[104,105]。

Jin 等[106]对悬索斜拉桥中常用的典型正交异性钢桥面在爆炸荷载作用下的性能进行了分析，利用 MSC 软件对典型桥面进行了爆破模拟和结构性能分析，研究了不同尺寸爆炸装置对爆炸响应的影响。为了模拟大跨度桥梁桥面的实际情况，除了改变炸药的大小外，还对桥面纵向施加了不同水平的轴向力。通过动力分析，确定了桥面在爆炸荷载作用下的破坏模式，提出了提高桥面抗爆炸能力的加固措施。Son[107]研究了主要桥梁在爆炸荷载作用下的性能，研究了正交异性钢箱梁和钢-混凝土组合板梁两种典型桥面结构的受力性能；研究中考虑的桥梁类型主要是大跨度索桥，特别是锚定悬索桥、自锚式悬索桥和斜拉桥。王赟[108]改变 TNT 当量（500～1800kg），利用 LS-DYNA 动力有限元软件，采用近似法加载和二维简化悬索桥模型，考虑炸药在桥轴线正上方不同高度和水平位置爆炸，研究了纵桥向轴向荷载对桥面板抗爆能力的影响。白志海[109]对不同当量炸药在钢桥面板上爆炸造成的局部变形及破口情况进行了数值模拟，讨论了加劲板构造及材料性质对局部爆炸的影响。Tang 等[110]采用 LS-DYNA 显式有限元程序，对某大跨度斜拉桥分体式钢箱梁的爆炸动力响应进行了数值模拟，采用 1000kg TNT 当量爆炸荷载，爆炸位置分别设在距离桥墩 0.5 m 处、桥面以上 1.0 m 处，采用等效静载加载，对桥塔、桥墩和桥面的损伤机理和损伤程度进行了分析。朱新明[2]对假想汽车炸弹（变化范围为 100～500kg）在钢箱梁悬索桥桥面爆炸下钢箱局部冲击响应进行了数值模拟，分析讨论了各个爆炸工况破口形式、破坏模式及相应过程，分析了破坏机理。Jin 等[111]采用欧拉模型和拉格朗日模型相结合的耦合数值方法，考虑了桥面和塔架与空气的相互作用，采用非线性显式有限元分析程序 MD Nastran SOL700，模拟了爆炸荷载的时空变化以及冲击波与桥梁的相互作用响应；比较研究了两种不同类型塔的抗爆性能；研究建立了高架桥的损伤模式，并证明了混凝土复合高架桥在空心钢箱式高架桥上的优异性能。Son 等[112]采用 MSC/Dytran 非线性有限元分析软件，对大跨度斜拉桥中典型的正交异性钢桥面板在爆炸荷载作用下的响应进行了数值模拟，分析中考虑的参数包括炸药装置的大小（以当量 TNT 表示）、甲板中存在的轴向压缩力以及正交各向异性钢箱顶板中使用的钢材料力学性能变化的影响，确定了各向异性钢箱顶板的破坏模式。同时，对一种新型有效的抗爆技术"熔丝系统"的实现进行了仿真。在该系统中，为了限制爆炸对桥梁局部区域的影响，并防止灾难性的连续渐进性倒塌，在两个桥面段之间设置了特殊的"保险丝"（相对较弱的结构元件）。蒋志刚等[113,114]运用 LS-DYNA 非线性有限元软件，对不同汽车炸弹（TNT 当量为 $10 \sim 500 \mathrm{kg}$）在桥面爆炸引的缆索承重桥梁钢箱梁正交异性桥面板的破坏形式及耗能情况进行了研究。姚术健等[38]对双层桥钢箱梁内部爆炸进行了数值模拟，对钢箱梁内部在不同当量 TNT 爆炸下的冲击响应过程、破坏参数及破坏模式等进行了分析讨论。陈小斌[115]对独塔斜拉桥在汽车炸弹桥面爆炸的易损性进行了研究，创立了"构形易损性分析—局部破口模拟—安全性评估"的简化分析方法。胡志坚等[116]对不同炸药条件下的斜拉索应力和结构动力响应进行了分析。通过建立全桥实体模型和跨中主梁局部模型，发现梁体纵向加劲肋在中小爆炸荷载作用下能有效提高梁体的抗爆能力，其与箱梁顶板形成具有相对强弱刚度的熔断体系，可有效减少箱梁顶板的横向破坏程度，在一定条件下可改变梁体的破坏模式。朱璨等[117]以钢箱梁节段为研究对象，考虑不同爆炸当量的炸药在桥面典型位置处爆炸，分析了钢箱梁、钢筋混凝土主塔的局部破坏特性。耿少波、刘亚玲等[104,105]对钢箱梁节段缩尺模型在近距离爆炸下的动力响应进行了试验研究，研究了钢箱梁结构在爆炸荷载下的破坏模式与结构模型参数和炸药比例距离的相关性，提出了其破坏影响因素。

1.5 本书主要研究内容与技术路线

缆索支承桥梁是大跨度桥梁的主要桥型，其遭受恐怖爆炸袭击的风险比一般桥梁大。钢箱梁结构体系作为桥梁结构承受车辆荷载的直接受力构件，其在冲击波荷载作用下的动力特性和损伤模式，成为研究大跨桥梁抗爆性能的一个重要内容。现有桥梁抗爆研究手段以数值模拟为主，研究集中在爆炸效应（包括爆炸当量和爆炸位置）对其局部破坏模式的影响上。从目前工程结构抗爆数值模拟的情况看，尚存在一些问题，爆炸冲击荷载作用下钢箱梁结构的破坏形式复杂多样，增加了数值模拟的复杂程度，也使分析结果的可靠性手段存疑，需要从试验的角度论证目前已有的数值研究成果，并进一步研究在爆炸冲击作用下的钢箱梁失效模式和破坏机理，评估钢箱梁遭遇爆炸袭击后的剩余承载能力和桥梁的通行能力，为大跨桥梁抗爆提供参考依据。在目前国内外对钢箱梁抗爆研究的基础上，本书开展了钢箱梁在近距离爆炸作用下（比例距离等效汽车炸弹袭击常规规模与爆距的对应比例距离）的抗爆试验研究。试验构件设计以某缆索支撑梁中钢箱梁结构的一个节段为原型进行缩尺，以汽车炸弹或爆炸物运输车辆在桥面爆炸（忽略冲击波通过运载工具本体的传播）作为爆炸试验设计依据，通过在一定的药量和爆距下改变钢箱梁的结构参数，重点研究了结构参数对钢箱梁结构破坏特征的影响，分析了钢箱梁在爆炸荷载作用下的破坏机理，并在此基础上研究了铺装层对钢箱梁的抗爆性能影响。

本书主要采用试验研究、理论分析和数值模拟研究相结合的方法对钢箱梁在近距离爆炸荷载下的破坏模式、破坏机理及影响因素进行了深入的分析研究，截面形式采用工程中常用的单箱双室和单箱三室结构，试件尺寸根据目前国内连续钢箱梁桥主梁截面的常规设计尺寸进行缩尺，共进行了 22 个工况的缩尺爆炸试验，并利用有限元软件 LS-DYNA 进行数值模拟，对试验工况进行了扩展，开展钢箱梁爆炸冲击局部破坏机理研究，通过改变药量、爆距以及钢箱梁模型结构参数、铺装条件，研究钢箱梁结构在近距爆炸作用下的破坏模式及破坏机理，找到在不同药量、不同比例距离和不同钢箱梁结构参数的情况下，钢箱梁的破坏模式、损伤状态及影响因素。

1.5.1 主要研究内容

本书主要研究内容如下。

（1）钢箱梁节段缩尺模型爆炸试验研究

以某悬索桥钢箱梁节段为缩尺研究对象，进行钢箱梁结构的近距离爆炸冲击试验。钢箱梁截面形式选用工程中常用的单箱双室和单箱三室结构，从材料选用、缩尺模型设计、爆炸物及测试仪器的选用及试验装置、装药位置等方面确定试验方案。通过改变钢箱梁的结构参数，共进行了 14 个工况（GL-系列）的钢箱梁缩尺模型爆炸试验。在试验中测量了冲击波爆炸压力时程曲线、箱梁顶板应变时程曲线和箱梁加速度时程曲线、测量了构件的破坏情况；对钢箱梁结构参数和材料参数对其抗爆性能的影响进行了分析，为结构抗爆设计中确定合理的设计参数提供理论依据。

（2）铺装层对钢箱梁抗爆性能影响的试验研究

通过改变钢箱梁顶板铺装条件，对 8 个工况（PZL-系列）的模型进行了试验研究。从钢箱梁顶板的破坏情况和应变情况及铺装层自身的破坏情况，对比了配有钢丝网的混凝土铺装层和配置卡夫拉层（Kevlar 布）的混凝土铺装层的抗爆效果，对铺装层的抗爆性能进行了分析。

（3）近距离爆炸下钢箱梁表面压力测试方法与箱梁顶板反射系数研究

确定钢箱梁在近距离爆炸作用下箱梁表面附近爆炸冲击波超压值的测定方法，根据试验中实测到的超压值，分析并确定了近距离爆炸下钢箱梁表面反射系数。

（4）钢箱梁顶板破坏模式理论分析与研究

分别用解析法和能量法，对钢箱梁顶板区格破坏模式进行了理论分析与计算。从试验结果可以看出，变形主要集中在离炸药最近的区格，因此可以忽略相邻区格的变形，认为爆炸冲击波引起的破坏全部集中在这个区格范围。单独拿出这个区格进行分析，近似按四边固支矩形板，对其破坏状态和区格板的最大挠度变形值进行分析计算，并与试验中破坏状态实测值进行了对比。同时提出钢箱梁顶板开裂临界状态的最小炸药量 Q^*，用试验用炸药量与最小炸药量 Q^* 进行对比，从而可以预测箱梁顶板的破坏状态及破坏的程度。

（5）钢箱梁在近距离爆炸作用下动力响应数值模拟

通过对冲击波超压的有限元模拟，验证了模拟参数选用的合理性，并进一步对钢箱梁结构爆炸试验中的工况 GL-7 进行了模拟验证。在此基础上建立了钢箱梁局部爆炸冲击响应分析的梁段模型，通过改变钢箱梁顶板厚度与加劲肋厚度，分析顶板厚度和加劲肋厚度及两者厚度比对钢箱梁顶板区格破坏的影响。

1.5.2　技术路线

本书研究具体技术路线实施图如图 1.2 所示。

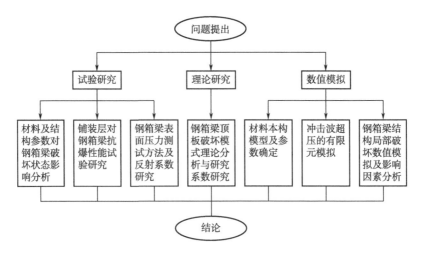

图 1.2　研究技术路线图

2

钢箱梁缩尺模型近距离爆炸试验研究

2.1 引言

本章以目前设计中最常见的单箱三室、单箱双室钢箱梁桥主梁截面作为研究重点，进行了钢箱梁缩尺模型的设计，模拟钢箱梁桥主梁遭遇汽车炸弹恐怖袭击的场景，对钢箱梁缩尺模型进行了爆炸试验的研究。考虑到汽车炸弹在梁段跨中桥面爆炸时，参照常用汽车炸弹的 TNT 当量和底盘据桥面板的距离，依据爆炸的相似律原则计算比例距离，均属于近距离爆炸[42,118]（小轿车汽车炸弹爆炸的比例距离为 $0.088 \sim 0.11 \mathrm{m}/\mathrm{kg}^{1/3}$，小客车汽车炸弹爆炸的比例距离为 $0.106 \sim 0.12 \mathrm{m}/\mathrm{kg}^{1/3}$），因此本试验以钢箱梁在空中近距离爆炸作用下的破坏模式及影响因素作为主要研究内容。

2.2 模型相似设计理论

当试验模型和原型的某些物理量具有相似性时，可以由试验中得到的模型结果推算出原型结构的相应结果[119]。因为桥梁结构具有复杂性，设计计算多采用简化方法。目前仿真计算可较好地模拟结构的受力状态，观察其内力（应力）、变形云图变化，但对于一些特殊工况，模型试验依然不可替代，需要通过试验来验证设计计算方法的有效性和正确性。

如果原型和模型在相对应的点及时间上的一切物理量均成比例，则两者相似。两者物理量之比称为相似系数或相似常数。在众多相似系数中，长度、时间、力所对应的相似系数称为基本相似系数[120]。

以作用力与加速度的关系为例，假设原型的作用力为

$$F_{\mathrm{pt}} = m_{\mathrm{pt}} \frac{\mathrm{d}\nu_{\mathrm{pt}}}{\mathrm{d}t_{\mathrm{pt}}} \tag{2.1}$$

式中　m_{pt}——原型的质量；

　　　ν_{pt}——原型的速度；

　　　t_{pt}——时间。

模型的作用力为

$$F_{\mathrm{mt}} = m_{\mathrm{mt}} \frac{\mathrm{d}\nu_{\mathrm{mt}}}{\mathrm{d}t_{\mathrm{mt}}} \tag{2.2}$$

式中　m_{mt}——模型的质量；

ν_{mt}——模型的速度；

t_{mt}——时间。

若结构原型与模型的运动相似，则两者的对应量互成比例：

$$\begin{cases} F_{mt} = \mu_F F_{pt} \\ \nu_{mt} = \mu_v \nu_{pt} \end{cases} \quad \begin{cases} m_{mt} = \mu_m m_{pt} \\ t_{mt} = \mu_t t_{pt} \end{cases} \tag{2.3}$$

式中 μ_F、μ_m、μ_v、μ_t——两个物理系统的力、质量、速度和时间的相似系数。

将式（2.3）式代入式（2.2），有

$$\frac{\mu_F \mu_t}{\mu_m \mu_v} F_{pt} = m_{pt} \frac{d\nu_{pt}}{dt_{pt}} \tag{2.4}$$

式中，当

$$\frac{\mu_F \mu_t}{\mu_m \mu_v} = 1, \tag{2.5}$$

式（2.4）与式（2.1）一致。$\frac{\mu_F \mu_t}{\mu_m \mu_v}$ 称为相似指标（也称相似条件、相似数）。将式（2.3）代入式（2.5），可以得到

$$\frac{F_{pt} t_{pt}}{m_{pt} \nu_{pt}} = \frac{F_{mt} t_{mt}}{m_{mt} \nu_{mt}} \tag{2.6}$$

令 $\kappa = \frac{Ft}{m\nu}$，当两个模型系统之间运动的情况相似时，其 κ 必然相同，称 κ 为相似判据（或相似准数）。

由相似定理可知，当两系统彼此相似时，如果两个系统的几何性质、物理参数、起始状态、边界条件等单值条件相同时，其相似判据 κ 的数值也相同[120]。

假设某个现象有 n 个物理量、m 种基本量纲时，用函数关系式表示这一过程：

$$f(x_1, x_2, x_3, \cdots, x_n) = 0 \tag{2.7}$$

上述物理方程可改写成如下准数方程：

$$\bar{\omega} [\kappa_1, \kappa_2, \kappa_3, \cdots, \kappa_{(n-m)}] = 0 \tag{2.8}$$

当原型和模型相似时，则对应的相似判据相同，它们的 κ 关系式也应相同，即

原型 $\quad \bar{\omega} [\kappa_{pt1}, \kappa_{pt2}, \kappa_{pt3}, \cdots, \kappa_{pt(n-m)}] = 0 \tag{2.9}$

模型 $\quad \bar{\omega} [\kappa_{mt1}, \kappa_{mt2}, \kappa_{mt3}, \cdots, \kappa_{mt(n-m)}] = 0 \tag{2.10}$

其中，$\kappa_{pt1} = \kappa_{mt1}$，$\kappa_{pt2} = \kappa_{mt2}$，$\kappa_{pt3} = \kappa_{mt3}$，$\cdots$，$\kappa_{pt(n-m)} = \kappa_{mt(n-m)}$。

可以看出，在相似现象中，只需将各物理量之间的关系方程式转换成无量纲方程式的形式，其方程式的各项就是相似准数。这一定理也称为白金汉（Buckingham）定理[120]。当已知影响系统的物理量时，可用量纲分析法模拟该系统，确定其相似判据。当各物理量相等时，不仅数值相同，量纲也相同；同量纲参数的比值为无量纲参数；在 1 个物理过程中，若有 n 个物理参数、m 个基本量纲，则可组成 $n\text{-}m$ 个独立的无量纲参数组合；在 1 个物理方程式中，等式两边的量纲必须相同。

对于钢箱梁缩尺模型的抗爆性能试验研究，为了保证试验模型和原型的相似性，需要从以下三个方面进行试验模型设计，分别是：

① 几何相似。当确定缩尺模型的缩尺比例时，会采用各方向的几何尺寸保持相同的缩尺比例。

② 边界条件相似。考虑到模型参照实际桥梁的某个节段进行缩尺，每个节段之间为全焊接模式，为了保持模型的支承条件、支承位置等应与原型保持相同或相似，在试验中采用近似固结的支承条件。

③ 物理参数相似。模型所受到的爆炸荷载采用箱梁上方爆炸的形式，与实际汽车炸弹等恐怖袭击采用相同的爆炸位置和方向，且保证试验中炸药的当量和距离计算得到的比例距离与汽车炸弹常规的比例距离相似，保证荷载的方向、荷载性质、大小原型满足相应的相似要求。

2.3 钢箱梁模型爆炸试验方案

2.3.1 试件材料选用

钢材是构成钢箱梁的主体材料，国内外钢箱梁桥梁主梁材料大都采用低合金高强度钢。考虑到试验选材购买和制作的方便，选材上尽量接近实桥或同实桥有一定程度相似的材料，试验中钢箱梁缩尺模型构件采用 Q235 钢制作，共选用以下 5 种规格型号，具体材料力学性能指标如表 2.1 所列。

表 2.1　材料力学性能指标

材料	厚度 t /mm	屈服强度 σ_y/MPa	极限强度 σ_b/MPa	弹性模量 E/GPa	泊松比 μ	密度 ρ / (g/cm³)	伸长率 δ_s/%
Q235 冷轧板	1.2	250	372	210	0.3	7800	46

材料	厚度 t /mm	屈服强度 σ_y/MPa	极限强度 σ_b/MPa	弹性模量 E/GPa	泊松比 μ	密度 ρ / (g/cm³)	伸长率 δ_s/%
Q235 冷轧板	1.5	200	302	210	0.3	7800	45
Q235A 热轧板	1.5	400	502	210	0.3	7800	20
Q235B 热轧板	2.0	317	425	210	0.3	7800	26
Q235B 热轧板	3.0	267	389	210	0.3	7800	42

注：Q235 冷轧板为工况 1-2 所用材质，试验过程中发现其材料脆性对试验结果影响较大，之后的工况改为 Q235 热轧板。

Q235 钢号中质量等级由字母 A 到 E 表示，主要是以对冲击韧性（V型缺口试验在冲击载荷的作用下测定的试样断裂的数值）的要求区分的，对 A 级钢，冲击韧性不作为要求条件，其他则要求做不同温度下的冲击韧性试验，详见《碳素结构钢》（GB/T 700—2006）中的具体规定。因为本试验是研究在常温下的爆炸冲击性能，所以选用了 A 和 B 级。冲击韧性试验一般用的是摆锤冲击试验机，属于低速冲击荷载，与爆炸冲击荷载有很大区别，因此，在试验中对 Q235A 和 Q235B 级做了在相同比例距离爆炸下的对比试验。

2.3.2　钢箱梁缩尺模型设计

本试验以某缆索支承桥梁中钢箱梁结构的一个梁段为原型作为参考，根据目前国内连续钢箱梁桥主梁截面的常规设计尺寸，综合考虑总纵弯曲强度相似及结构几何形状相似条件，选择缩尺比例 1：10。截面形式的确定上，鉴于目前中国连续钢箱梁桥主梁截面以单箱梁为主，占到总数的 80.6%，其中又以单箱双室或单箱三室为主，占到单箱梁总数的 75%[121]，因此本章试验确定以单箱双室和单箱三室作为研究的重点。

本章试验共设计 4 种规格尺寸 14 种工况的试验模型。因为不考虑在箱梁结构悬挑部位爆炸这一工况，因此对箱梁截面进行了简化，将斜腹板改为直板，去掉了悬挑部分，钢箱梁模型横截面构造如图 2.1 所示，箱梁各部分通过焊接连接。梁段模型总长度 1800mm，考虑到实际工程中箱梁节段之间连接方式为焊接，为保证构件与实际的约束相似性，试验中试件两端采用近似固结方式，通过自制钢架对构件两端进行固定。模型设计主要考虑从顶板厚度、梁的高度、U 型加劲肋（后简称"U 肋"）的间距和形状、横隔板的间距等几个方面来进行参数的改变。其中，图 2.1 中未标明处，U 肋高均为 20mm。具体参数设计指标选择见表 2.2。

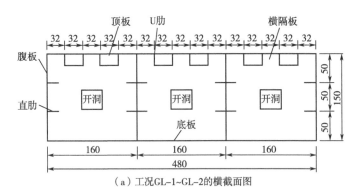

（a）工况GL-1~GL-2的横截面图

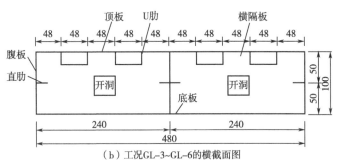

（b）工况GL-3~GL-6的横截面图

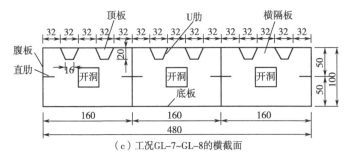

（c）工况GL-7~GL-8的横截面

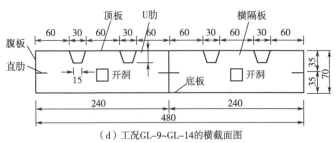

（d）工况GL-9~GL-14的横截面图

（e）单箱3室构件横截面图

（f）单箱2室构件横截面图

图 2.1　钢箱梁缩尺模型试件横截面图（单位：mm）

表 2.2　结构参数设计指标（按 1：10 缩比）

结构设计参数	工程常见参数设计指标	试验选用结构参数设计指标
高跨比	1/43.5～1/13， 以 1/30～1/20 为主	1/12、1/18 和 1/26
顶板厚度/mm	14、16、18、20、22、 24、25、26	1.2、1.5、2、3
腹板厚度/mm	12、14、16、20、22	1.2、2
U 肋厚度/mm	6、8	1.2、2
横隔板厚度/mm	10～20	1.2、2
横隔板间距/mm	1500～3600	150、250
U 肋上口宽/肋间距/mm	300/600	前 8 种工况 32/32、48/48， 后 6 种工况 30/60

中国连续钢箱梁桥的高跨比分布在 1/43.5～1/13 之间，本次试验钢箱梁构件高跨比的比值有 1/12、1/18 和 1/26 三种，基本在常用范围之内。顶板是直接承受车辆荷载的构件，顶板厚度以 14mm 为常用，试验按照 1/10 的比例缩比，厚度选取 1.2mm、1.5mm、2mm 和 3mm 四种规格；

腹板厚度常用的有 12mm、14mm、16mm、20mm、22mm，实验中采取 1.2mm、2mm；U 肋常用厚度有 6mm 和 8mm，与顶板的厚度比为 1/3～1/1.56，实验中采用 1.2mm 和 2mm（U 肋刚度相对较大，比值为 1/1.25～1/1.5）；横隔板厚度以 10～20mm 居多，试验中横隔板厚度为 1.2mm 和 2mm；横隔板间距一般为 1500～3600mm，实验采用 150mm 和 250mm；U 肋大部分工程采用上口宽 300mm、间距 600mm，试验中前 8 种工况中采用的是等间距布置（32mm 和 48mm），后 6 种工况采用上口宽 30mm、肋间距 60mm 布置，采取矩形封闭式截面或倒梯形封闭式截面。各工况详细参数见表 2.3 和表 2.4。钢箱梁结构参数规格选用均在国内连续钢箱梁桥常用设计选用范围之内[121,122]。另外为了研究纵隔板支撑和 U 肋支撑条件改变对钢箱梁破坏状态的影响，所以在相同梁宽的情况下，分割箱室为双室和三室结构。

表 2.3　各工况钢箱梁缩尺模型参数

工况	梁宽×梁高×跨长/mm	钢材型号	顶板厚度/mm	截面形式	横隔板间距/mm
1～2	480×150×1800	Q235 冷轧板	1.5	单箱三室	150
3～4	480×100×1800	Q235A 热轧板	3	单箱两室	150（250）
5～6	480×100×1800	Q235B 热轧板	3	单箱两室	150（250）
7～8	480×100×1800	Q235A 热轧板	1.5	单箱三室	150（250）
9～10	480×70×1800	Q235A 热轧板	1.5	单箱两室	150（250）
11～14	480×70×1800	Q235B 热轧板	2	单箱两室	150（250）

注：工况编号为单数的，横隔板间距为 150mm，工况编号为双数的，横隔板间距为 250mm。下同。

表 2.4　钢箱梁缩尺模型结构参数

工况	1～2	3～6	7～8	9～10	11～14
钢箱梁高跨比 h/L	0.08	0.06	0.06	0.04	0.04
顶板厚度 δ/mm	1.5	3	1.5	1.5	2
钢箱梁顶板厚高比 δ/h	0.01	0.03	0.02	0.02	0.03
腹板厚度/mm	1.5	2	1.2	1.2	1.2
横隔板厚度/间距/mm	1.2/150	3/150（250）	1.2/150（250）	1.2/150（250）	1.2/150（250）

续表

工况	1～2	3～6	7～8	9～10	11～14
U肋厚度/间距/mm	1.2/32	3.0/48	1.2/32	1.2/60	1.2/60
U肋刚度 EI/kPa	0.73	1.7	0.73	0.72	0.72
U肋系数 η/mm^{-1}	0.04	0.01	0.04	0.008	0.006

注：U肋系数 $\eta = \dfrac{EI}{Dl}$，其中，E 为钢材弹性模量，I 为加劲肋截面惯性矩，D 为箱梁单室顶板的抗弯刚度；l 为箱梁单室宽度。

箱梁模型与原型间的相似参数比计算如表 2.5 所列。

表 2.5　箱梁模型与原型间的参数相似比

参数	关系式	相似比
弹性模量 E	S_E	1.0
长度 L	S_L	10
密度 ρ	S_ρ	1.0
振动频率 f	$S_f = S_L^{-1} (S_E/S_\rho)^{1/2}$	0.1
音速 v（在钢板中传递）	$S_v = (S_E/S_\rho)^{1/2}$	1.0
刚度 K	$S_K = S_E S_L$	10
荷载 F	$S_F = S_E S_L^2$	100
重力加速度 g	忽略	忽略
时间 T	$S_T = S_L (S_E/S_\rho)^{-1/2}$	10

注：表中实际钢材选用参数满足《公路桥涵钢结构及木结构设计规范》（JTJ 025—86）。

2.3.3　爆炸物及测试仪器

实验中所用炸药为自制 TNT/RDX（40/60）混合炸药，密度为 1.597g/cm^3，见图 2.2（a）。对空气冲击波超压的测试，采用中北大学自行研制的 CJB-V-01 存储式冲击波超压测试系统[8]，如图 2.2（b）所示，为压电式压力传感器，存储容量为 1MB，采样频率为 1MHz，量程为 1～1.37MPa。

应变片选用中航电测的 BE120-5AA 型电阻应变计，应变片系数 K = 2.0，应变最大量程分 2% 和 THY120-5AA（15%）-X30 两种规格，分别用于不同部位的应变测量；应变片与桥盒之间用天津 609 厂生产的 3 芯屏蔽线连接，并采用三线式接法，可有效防止外部电磁干扰，特别是 50Hz 的干扰。应变片与桥盒接线柱之间用烙铁焊接。本次试验屏蔽线与桥盒线路连接时，为了减少干扰信号影响，采用抗干扰半桥法，用温度补偿减少外界温度变化对试验结果造成的误差，仪器和桥盒线路均用导线接地。应变采集仪选用北戴河电子仪器厂的 TST3406 动态测试分析仪 XHCDSP-8CH-10M 数据采集仪，并在试验前进行了静态标定，采样频率设置为5MHz，见图 2.2（c）、（d）。加速度传感器是中北大学自行研制的三向加速度传感器，型号为 NCVH100-3，分别为冲击加速度传感器和振动加速度传感器，分别放置在沿梁跨度 1/3 和 1/4 的位置处，见图 2.2（e）、（f）。

（a）试验所用炸药药柱

（b）冲击波超压传感器

（c）动态电阻应变仪和数据采集器

（d）内部粘贴应变片

（e）内部粘贴加速度传感器

（f）桥盒接线

图 2.2　爆炸物及测试仪器设备

2.3.4 试验装置、炸药位置和测试设备布置

用钢板和螺栓把梁两端固定在自制的钢支座上，钢支座之间用横梁上下连通，下部横梁用沙袋压实，炸药用梁上端的三脚架来固定悬挂。梁顶板背爆面粘贴应变片，考虑到测试过程中的不确定性，实验中应变测量点布置围绕爆炸点成对称布置，应变片在同一测点的 X 方向和 Y 方向分别布置，可以测量测点的纵向变形和横向变形。每个构件粘贴 8 组应变片，每组两片互相垂直。应变片粘贴前，用砂纸打磨平整，用专用的胶水粘贴，固定于相应的测点位置，与屏蔽线焊接后，用水溶胶封盖，最后用胶带纸包裹覆盖，防止导线接头和应变片接触雨水而潮湿；加速度传感器分为两组，分别是 1 号和 2 号传感器，分别放置在沿梁跨度 1/3 和 1/4 的位置处，传感器与底部打磨平整的基座通过螺纹耦合连接，用强力 AB 胶固定于测点位置。应变片和加速度传感器布置详见图 2.3（c）；GL-1、GL-2 的爆炸试验在爆炸洞进行，GL-3～GL-14 的爆炸试验在野外空地进行。实验装置如图 2.3（a）、（b）所示。

（a）自制构件固定钢架支座

（b）钢箱梁爆炸实验装置

（c）梁侧面粘贴加速度传感器

（d）高速摄像机拍摄的爆炸过程

图 2.3　实验现场照片

通常采用比例距离来描述和比较爆炸对目标的危害性：

$$R = \frac{\gamma}{\sqrt[3]{W^e}} \tag{2.11}$$

式中　R——比例距离，$m/kg^{1/3}$；

　　　γ——目标到爆炸源的距离，m；

　　　W^e——爆炸物的 TNT 当量，kg。

比例距离 R 越小，威胁力和破坏力越强。本试验中药柱的药量和悬挂高度依据常用汽车炸弹的 TNT 当量和底盘距桥面板的距离[42,118]（小轿车汽车炸弹爆炸的比例距离为 0.088～0.11m/kg$^{1/3}$，小客车汽车炸弹爆炸的比例距离为 0.106～0.12m/kg$^{1/3}$）来确定。本次试验采用近距离小爆炸来模拟大规模爆炸的破坏特征。目标离爆炸中心近，受作用面积较小，破坏带有局部性，此时目标受到的是爆炸产物和空气冲击波的双重作用。本次试验的 14 种工况中，爆炸中心到钢箱梁顶板的距离范围在 0.076～0.12m 之间（药柱底部到钢箱梁顶板的距离范围为 0.05～0.10m），药量为 0.052～0.104kgTNT 当量，依据爆炸的相似率原则，以小汽车底座 0.3m 来进行相似率换算，约相当于几千克到几十千克的 TNT 当量。

钢箱梁表面空气冲击波超压值采用中北大学自行研制的 CJB-V-01 壁面型压力传感器进行数据采集，炸药设置于梁正上方 5～10cm 位置处起爆，比例距离在 0.2 m/kg$^{1/3}$ 左右，因为炸药距离钢板较近，这样压力传感器放置在炸药正下方，距离过近，有可能发生传感器超出量程而破坏，而且需要考虑反射波对测量值的影响。参照小剂量装药战斗部爆炸威力常用测试方法[123-125]，通过计算分析，决定将传感器放置在梁边靠近支座的位置，传感器表面与钢箱梁顶板平齐，传感器中心距离炸药的投影点直线距离为 80cm 左右，如图 2.4 所示，保证炸药产生的冲击波超压值在传感器量程的 1/5～1/3 范围内，从而保证测量的精度；传感器与梁顶板平齐，保证冲击波的入射角度在 85° 左右，这样测试得到的压力可近似忽略沿地面运动的入射波、反射波和马赫波综合反射压力影响[126]，误差在 9% 左右。每种工况药柱的药量、比例距离、与压力传感器的位置关系如图 2.4 和表 2.6 所示。

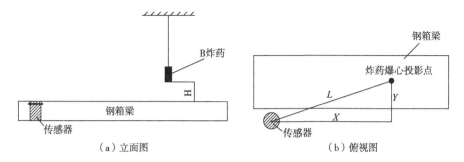

（a）立面图 （b）俯视图

图 2.4 压力传感器与钢箱梁、炸药相对位置示意

表 2.6 各工况爆炸位置

工况	药量/g	1.2 倍 TNT 当量/g	药柱底部距顶板距离 H/mm	炸药距顶板比例距离 R_1 /（m/kg$^{1/3}$）	传感器距爆心投影直线距离 L/cm	入射角 φ_0/（°）	炸药距传感器比例距离 R_2/（m/kg$^{1/3}$）
GL-1	43.3	52	50	0.202	85.8	86.66	2.3
GL-2	43.3	52	50	0.202	48.2	84.07	1.3
GL-3	43.3	52	50	0.202	81.2	86.47	2.2
GL-4	86.6	104	100	0.252	86.0	83.37	1.8
GL-5	43.3	52	50	0.202	81.2	86.47	2.2
GL-6	86.6	104	70	0.19	97.5	85.89	2.1
GL-7	43.3	52	50	0.202	83.8	86.59	2.3
GL-8	21.6	26	50	0.212	95.8	87.0	3.27
GL-9	43.3	52	70	0.256	80	87.6	2.2
GL-10	43.3	52	70	0.256	94.6	85.8	2.6
GL-11	43.3	52	70	0.256	76.38	87.45	2.04
GL-12	43.3	52	70	0.256	90.78	88	2.44
GL-13	86.6	104	80	0.21	80.5	86.87	1.6
GL-14	43.3	52	70	0.256	—	—	—

注：爆炸冲击波入射角 $\varphi_0 =$ arccot (H/L)，均大于临界角 φ_c[30]。43.3g 为 2 个药柱，86.6g 为 4 个药柱。

2.4 钢箱梁爆炸试验结果及破坏状态影响因素分析

2.4.1 钢箱梁爆炸破坏状态结果汇总

爆炸位置选取钢箱梁结构的最不利荷载位置进行研究。对钢箱梁而言，顶板在横向有U肋和纵隔板的支撑，且支撑数量较多；而在纵向，仅有横隔板支撑。作为支撑点较少的纵向，横隔板之间的桥面中心是其受力最为薄弱的位置；而对桥梁的主要受力体系而言，炸弹位于横梁中心及立柱附近对受力体系损坏最大。综合考虑，试验中14种工况，有3种工况选在横隔板与纵向腹板交接的位置（即横梁中心，如GL-2、GL-4和GL-14），其余11种工况全部选在两横隔板与纵向加劲肋之间的桥面中心位置进行炸药的布置。本试验中药柱的药量和悬挂高度参照常用汽车炸弹的TNT当量和底盘距桥面板的距离，依据爆炸的相似律原则，采用近距离小爆炸来模拟大规模爆炸的破坏特征。各工况破坏情况如表2.7所列。钢箱梁顶板典型破坏状态对比见图2.5，钢箱梁底板被碎片冲击破口（GL-1、GL-2）见图2.6。

表2.7 各工况破坏情况汇总

工况	TNT当量 /g	药柱底部距顶板距离 H /mm	爆心距顶板比例距离 R_1 /（m/kg$^{1/3}$）	破坏状态
GL-1	52	50	0.202	破口，100mm×30mm，有碎片击穿底板
GL-2	52	50	0.202	破口，4个，最大尺寸为37mm×37mm，有碎片击穿底板
GL-3	52	50	0.202	凹洞，最大下凹12mm
GL-4	104	100	0.252	四个凹洞，沿加劲肋局部撕裂，最大下凹16mm
GL-5	52	50	0.202	凹洞，最大下凹12mm
GL-6	104	70	0.19	两端沿加劲肋撕裂中间下凹50mm
GL-7	52	50	0.202	两端沿加劲肋撕裂，中间局部撕裂，下凹30mm，加劲肋屈曲严重
GL-8	26	50	0.212	两端沿加劲肋撕裂中间断裂，下凹46mm，加劲肋屈曲严重

续表

工况	TNT当量 /g	药柱底部距顶板距离 H /mm	爆心距顶板比例距离 R_1 / (m/kg$^{1/3}$)	破坏状态
GL-9	52	70	0.256	沿加劲肋两侧轻微撕裂，中间下凹 22mm
GL-10	52	70	0.256	两侧轻微撕裂，中间最大下凹 25mm
GL-11	52	70	0.256	凹洞，最大下凹 9mm
GL-12	52	70	0.256	凹洞，最大下凹 9mm
GL-13	104	80	0.21	出现花瓣形破口；塑性破坏范围超出加劲肋区域 最大下凹 54mm
GL-14	52	70	0.256	两个凹洞，最大下凹 6mm

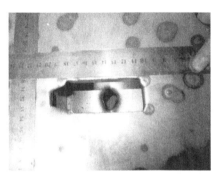

（a）GL-1 破口达100mm×30mm，
有碎片击穿底板，横隔板间距150mm

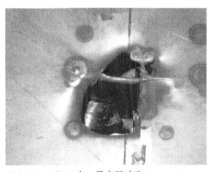

（b）GL-2 破口4个，最大尺寸为37mm×37mm，
横隔板间距250mm
（炸点位于横隔板与纵隔板相交处）

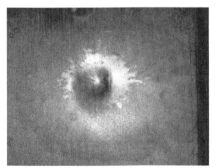

（c）GL-3 凹洞70mm/ 50mm，凹12mm，
横隔板间距150mm

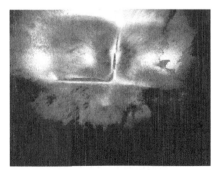

（d）GL-4 4个凹洞，最深下凹16mm，
横隔板间距250mm
（炸点位于横隔板与纵隔板相交处）

图 2.5

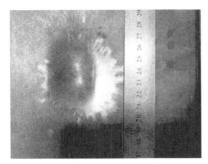
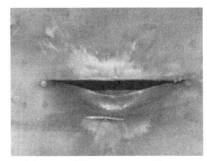

（e）GL-5 凹洞70mm/50mm，凹12mm，
横隔板间距150mm

（f）GL-6 开裂190mm/60mm，凹50mm，
横隔板间距250mm

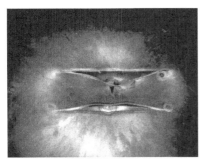
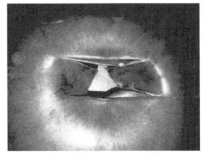

（g）GL-7 开裂89mm/79mm，凹30mm，
横隔板间距150mm

（h）GL-8 开裂72mm/80mm，凹46mm，
横隔板间距250mm（断开，有碎片）

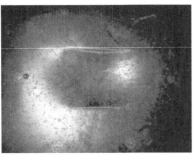

（i）GL-9 开裂57mm/38mm，凹22mm，
横隔板间距150mm

（j）GL-10 开裂80mm/46mm，凹25mm，
横隔板间距250mm

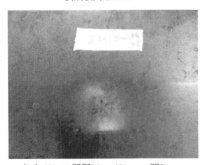

（k）GL-11 凹洞85mm/64mm，凹9mm，
横隔板间距150mm

（l）GL-12 凹洞85mm/63mm，凹9mm，
横隔板间距250mm

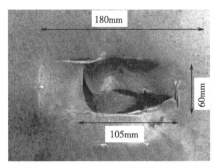

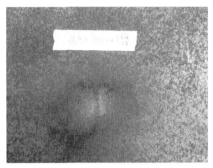

（m）GL-13出现花瓣形破口，
塑性破坏范围超出加劲肋区域

（n）GL-14凹洞左45mm/58mm，凹6mm，
凹洞右40mm/58mm，凹4mm

图2.5　钢箱梁顶板典型破坏状态对比图

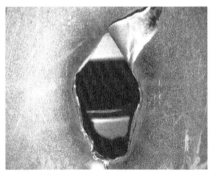

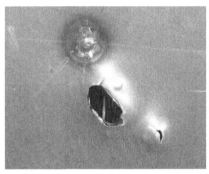

（a）GL-1

（b）GL-2

图2.6　钢箱梁底板被碎片冲击破口图

2.4.2　钢箱梁顶板破坏状态影响因素及分析

2.4.2.1　钢箱梁顶板破坏模式确定

钢箱梁属于闭口薄壁梁，其中钢桥面板（钢箱梁顶板）作为直接承受荷载的部位，其受力状态对整个钢箱梁起着非常重要的作用。从试验的结果看，爆炸冲击波对钢箱梁的破坏主要体现在对桥面板具有明显的破坏作用，对爆炸点周围有限的部位造成应力集中，塑形区域主要分布在破口周围的区域，爆炸荷载对全桥的破坏呈现局部破坏特征。局部破坏特征除了受炸药爆炸威力的影响之外，也由于材质、结构参数的不同而呈现不同的结果。钢箱梁桥面板的破坏模式与爆炸位置、当量和结构参数有关，根据破坏程度的不同，破坏模式分成三大类：塑性大变形（对结构的承载力有一定的影响，破坏程度Ⅰ）、局部开裂破口（严重影响结构承载力，破坏程度Ⅱ）、完全破坏或断裂（结构丧失承载力，属于整体结构的破坏模式，

破坏程度Ⅲ）。试验中各工况破坏模式，主要为前两类破坏模式，属于局部破坏模式。根据 2.4.1 节对各工况的破坏程度的描述，每个工况的破坏模式分类如表 2.8 所列。

表 2.8　各工况破坏模式汇总

工况	GL-1	GL-2	GL-3	GL-4	GL-5	GL-6	GL-7	GL-8	GL-9	GL-10	GL-11	GL-12	GL-13	GL-14
破坏模式	Ⅱ	Ⅱ	Ⅰ	Ⅰ	Ⅰ	Ⅱ	Ⅱ	Ⅱ	Ⅱ	Ⅱ	Ⅰ	Ⅰ	Ⅱ	Ⅰ

2.4.2.2　材料对破坏状态的影响

试验中发现，在比例距离基本接近的情况下，由于各工况钢箱梁顶板材料、厚度、横隔板间距、加劲肋的厚度间距等因素变化，导致桥面板的破坏状态有很大的不同。

GL-1 和 GL-7 的钢箱梁结构参数，除了梁的高度不同之外，其余均相同，比例距离也相同，工况 GL-1 的材料是冷轧钢板，破坏形态中破口断面呈整齐的切断面，无弯曲变形，顶板有碎片产生，击穿板底；GL-7 的材料是热轧钢，破口有明显的弯曲变形，两端沿加劲肋边缘撕裂，中间部位下凹且局部撕裂，如图 2.7 所示。

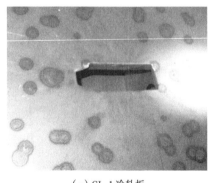 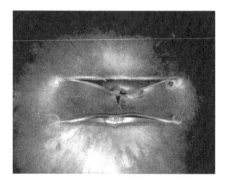

（a）GL-1 冷轧板　　　　　　　　　　（b）GL-7 热轧板

图 2.7　GL-1 和 GL-7 的钢箱梁顶板破坏对比图

试验同时对比了 Q235A 和 Q235B 两种材料的抗爆性能，GL-3 选用 Q235A，GL-5 选用 Q235B，其他条件均相同。试验证明，在冲击韧性试验中虽然两者具有不同的抗断裂能力，但在常温环境条件、相同爆炸荷载作用下，其抗爆性能没有较明显的区别。试验结果两种工况结构破坏形态和破坏范围无明显区别，说明 Q235A 和 Q235B 的抗爆性能基本相同，如图 2.5（c）与图 2.5（e）。

2.4.2.3 结构参数对破坏状态影响分析

从试验结果来看，在近距离爆炸作用下，爆炸冲击波只对爆炸点周围有限的部位造成应力集中，塑形区域分布在破口周围区域，破坏形式有局部塑性大变形［如图 2.5（a）、（b）、（c）、（i）、（j）］、开裂［如图 2.5（g）、（h）］、花瓣型破口［如图 2.5（d）、（e）、（f）］。随着药量的增大，破口范围会超越离爆炸点最近区格板的加筋肋和横隔板范围，顶板区格破口严重，加筋肋屈曲失效，如图 2.5（k）。

对钢箱梁顶板的破坏模式，以第二结构体系分析，为了研究试验中结构参数在相同比例距离下对钢箱梁顶板的局部破坏程度的影响，本书引入了破坏程度指数 Ω，定义如下。

$$\Omega = \frac{V^p \delta}{\eta h}$$

$$\eta = \frac{EI}{Dl}$$

(2.12)

式中　　V^p——近似塑性破坏体积，是塑性破坏的水平投影范围与区格板最大挠度的乘积；

$\quad\quad\eta$——加劲肋系数；

$\quad\quad E$——钢材弹性模量；

$\quad\quad I$——加劲肋截面惯性矩；

$\quad\quad D$——箱梁单室顶板的抗弯刚度；

$\quad\quad l$——箱梁单室宽度；

$\quad\quad\delta$——钢箱梁顶板厚度；

$\quad\quad h$——钢箱梁的高度。

以破坏程度指数 Ω 为对比指标，依次分析了顶板厚度、钢箱梁高度、加劲肋系数、加劲肋上口宽度和横隔板间距等参数变量对钢箱梁顶板破坏程度的影响。对各工况的破坏状态和其对应的炸药比例距离、结构参数进行了归纳，如表 2.9 所列。

表 2.9　典型工况结构参数与破坏程度

工况	R_1/（m/kg$^{1/3}$）	顶板厚度/mm	钢箱梁高度 h/mm	加劲肋系数η/mm^{-1}	加劲肋上口宽度/mm	横隔板间距/mm	破坏区域范围/mm	挠度/mm	破坏程度指数 Ω/mm^4
GL-3	0.202	3	100	0.01	48	150	50×70	12	126000

续表

工况	R_1/（m /kg$^{1/3}$）	顶板厚度 /mm	钢箱梁高度 h/mm	加劲肋系数η /mm^{-1}	加劲肋上口宽度 /mm	横隔板间距 /mm	破坏区域范围/mm	挠度 /mm	破坏程度指数 Ω /mm^4
GL-4	0.252	3	100	0.01	48	250	40×50/45×50/ 40×50/45×50	16/10/5/4	220500
GL-5	0.202	3	100	0.01	48	150	50×70	12	126000
GL-6	0.19	3	100	0.01	48	250	190×50	50	1425000
GL-7	0.202	1.5	100	0.04	32	150	78/89×30	30	30038
GL-8	0.212	1.5	100	0.04	32	250	72/80×30	46	41400
GL-9	0.256	1.5	70	0.008	60	150	57/68×60	22	224400
GL-10	0.256	1.5	70	0.008	60	250	80/46×60	25	300000
GL-11	0.256	2	70	0.006	60	150	64×85	9	228480
GL-12	0.256	2	70	0.006	60	250	85×63	9	228480
GL-13	0.21	2	70	0.006	60	150	180×130/105×60	54	1587600
GL-14	0.256	2	70	0.006	60	250	58×45/58×40	6/4/0	116387

注：表中 GL-3 与 GL-5 结构参数和破坏状态基本一致，GL-3 用的是 Q235A，GL-5 用的是 Q235B；GL-1 与 GL-2 由于使用冷轧钢板，破坏状态与其他工况完全不同，此处不再列出。

（1）顶板厚度影响

钢桥面板是正交异性钢桥面体系中主要的承重部件，钢板厚度的增加会大大增加整个铺装体系的刚度，减小结构变形。如图 2.8 所示，在相同横隔板间距下，破坏呈现随顶板厚度增加破坏程度递减趋势。以横隔板间距为 250mm 为例，板厚 2mm 的比 1.5mm 的破坏程度降低 23.8%，板厚 3mm 的比 2mm 的破坏程度降低 3.5%，板厚 3mm 的比 1.5mm 的降低 26.5%；以横隔板间距 150mm 为例，板厚 3mm 的比 1.5mm 的降低 43.8%。可见横隔板间距大的，顶板区格的刚度降低，破坏加重；横隔板越小，板厚对减小其破坏程度的影响越明显。图 2.9 中，GL-5 顶板厚 3mm，GL-7 顶板厚 1.5mm，GL-5 的破坏程度明显小于 GL-7 的破坏程度。顶板厚度变小，其与加筋肋的刚度比降低，使顶板发生沿着加筋肋撕裂的破坏模式。

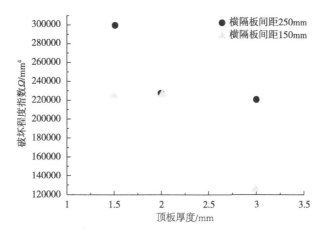

图 2.8　顶板厚度对钢箱梁破坏状态影响

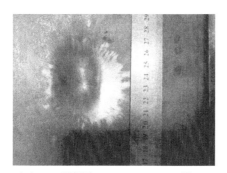 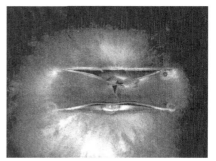

（a）GL-5 顶板厚3mm，70mm/50mm，凹12mm　　　（b）GL-7 顶板厚1.5mm，开裂89mm/79mm，凹30mm

图 2.9　GL-5 和 GL-7 的钢箱梁顶板破坏对比图（横隔板间距均为 150mm）

（2）横隔板的间距影响

如图 2.10 所示，GL-9 比例距离小于 GL-10，但其破坏范围却小于 GL-10，原因是 GL-9 横隔板间距 150mm，GL-10 横隔板间距 250mm。说明横隔板间距越大，对顶板纵向的约束力越小，破坏严重。GL-7 和 GL-8 对比与 GL-5 和 GL-6 对比也是如此；另外从图 2.8、图 2.11 也可以看出，以图 2.8 中板厚 3mm 为例，横隔板 150mm 的对应破坏程度比横隔板 250mm 对应的破坏程度降低 42.86%。图 2.11 中，同一加劲肋系数或加劲肋上口宽度，横隔板 150mm 对应的破坏程度最大降幅达到 44%。

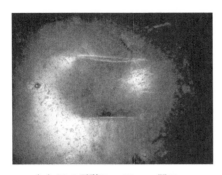 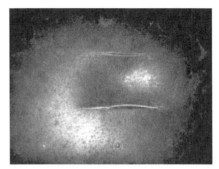

（a）GL-9 开裂57mm/38mm，凹22mm，　　　　（b）GL-10 开裂80mm/46mm，凹25mm，
　　　横隔板间距150mm　　　　　　　　　　　　横隔板间距250mm

图 2.10　GL-9 和 GL-10 的钢箱梁顶板破坏对比图（炸药比例距离均为 0.256）

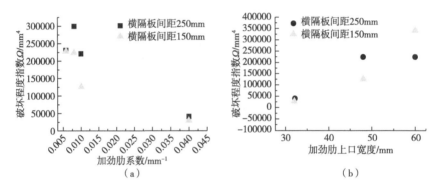

（a）　　　　　　　　　　　　　　（b）

图 2.11　加劲肋加劲肋系数和上口间距对钢箱梁破坏状态影响

（3）纵向加劲肋的加劲肋系数和上口宽度影响

纵向加劲肋截面形式主要有开口加劲肋和闭口加劲肋两种。闭口加劲肋能提供较大的抗弯和抗扭刚度，改善钢桥面板的受力状态，因此是钢箱梁桥面设计首选的截面形式[122]。加劲肋的上口宽度、加劲肋间距、加劲肋壁厚及加劲肋肋高对铺装受力均有影响。从图 2.11 可以看出，加劲肋系数越大，约束作用越大，破坏程度越小（最大降幅83%）；加劲肋上口间距越小（加劲肋布置越密），破坏程度越小（最大降幅91%）。图 2.12 中，对 GL-7 和 GL-9 与 GL-8 和 GL-10 进行对比，加劲肋的厚度与顶板厚度均相同，爆炸作用位置也相同，但由于加劲肋间距不同（上口宽度不同），前者加劲肋间距 32mm，后者加劲肋间距 60mm〔结构构造见图 2.1（c）、（d）〕，在炸药比例距离相近的情况下，随着加劲肋上口宽度变大，加筋肋与横隔板之间的顶板区隔尺寸由狭长的条带〔GL-7（150mm×32mm），GL-8（250mm×32mm）〕变为宽的条带〔GL-9（150mm×60mm），GL-10（250mm×

60mm）]，条带板的受力状态由接近单向受力的单向板转为双向受力的双向板。塑性变形区沿加劲肋开裂的长度减小，凹洞的程度降低，破坏以剪切变形向弯曲变形过渡。破口尺寸横桥向小于纵桥向，表明纵向 U 肋对桥面破口有较大的约束作用。U 肋常用厚度为 6mm 和 8mm，与顶板的厚度比为 1/3～1/1.56，实验中采用 1.2mm 和 2mm，U 肋刚度相对较大，比值为 1/1.25～1/1.5，其中 GL-1、GL-2 顶板厚 1.5mm，U 肋厚 1.2mm，比值为 1/1.25，因此破坏模式出现沿着肋边缘剪切破坏，如图 2.12 所示。

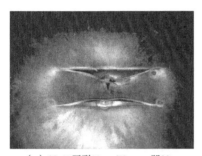

（a）GL-7 开裂89mm/79mm，凹30mm

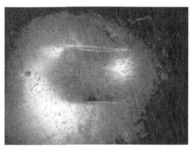

（b）GL-9 开裂57mm/38mm，凹22mm

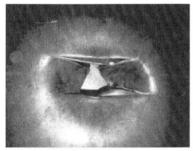

（c）GL-8 开裂72mm/80mm，凹46mm，区格板断裂

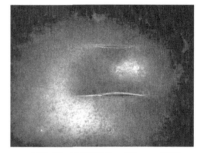

（d）GL-10 开裂80mm/46mm，凹25mm

图 2.12　GL-7 和 GL-9 与 GL-8 和 GL-10 的钢箱梁顶板破坏对比图
顶板厚均为 1.5mm，GL-7 和 GL-9 的横隔板间距为 150mm；GL-8 和 GL-10 的横隔板间距 250mm

2.4.3　应变测试结果分析

本次实验对工况 GL-7～GL-14 进行了应变测试，动态应变仪选用太原理工大学力学所 CS-1D 超动态应变仪，采样频率 5MHz，采集数据间隔为 0.2μs，采样数据 1V＝2000μs。由于属于近距离爆炸，为避免爆心处应变片的损坏，应变片围绕爆心粘贴，其中工况 GL-8 应变片粘贴位置如图 2.13 所示，GL-8 应变测试结果如图 2.14 所示。应变片粘贴在顶板背爆面上，应变片具体粘贴位置包括离爆心较近的区格板（如应变片 4 和 5 所贴位置）、U

肋底部（如应变片 10 和应变片 11 位置）、顶板其他位置区格板（如应变片 6～9、12～15 位置和应变片 1、2、17、18 位置）、横隔板位置靠近顶板处（如应变片 3 和 16 粘贴位置），在钢箱梁的内部粘贴好，最后完成底板焊接。

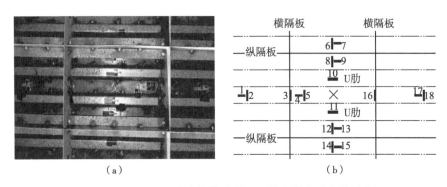

（a）　　　　　　　　（b）

图 2.13　工况 GL-8 应变片粘贴图（X 代表爆心垂直投影点）

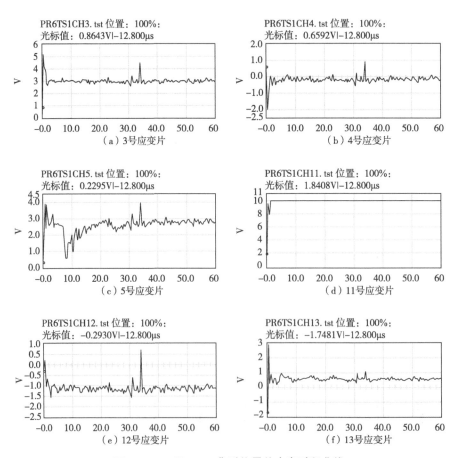

（a）3 号应变片　　　　　　　　（b）4 号应变片

（c）5 号应变片　　　　　　　　（d）11 号应变片

（e）12 号应变片　　　　　　　　（f）13 号应变片

图 2.14　工况 GL-8 典型位置处应变时程曲线

从工况 GL-8 应变曲线及表 2.10 来看，沿梁纵向（跨度方向）大多数为拉伸变形，沿梁横向（宽度方向）为压缩变形，爆心附近 U 肋的拉伸变形最大（11 号应变片达到 0.016ε[❶]；顶板 8 号应变片达 0.019ε），横隔板则一边拉伸一边压缩；变形测试结果不对称，与炸药放置位置及炸药自身密度等因素很难做到绝对对称有关。从图 2.12（e）试验结果看，爆心附近区域产生了较大的塑性应变及撕裂，加劲肋附近也有较大的塑性应变，很难用普通应变片测得其应变。

表 2.10 工况 GL-8 应变测试结果汇总表

编号	应变峰值/$\mu\varepsilon$	变形状态	应变片粘贴位置及方向
1	0	弹性变形	沿梁纵向，顶板
2	487.4	压缩变形	沿梁横向，顶板
3	4751	拉伸变形	沿横隔板方向，横隔板
4	1018	压缩变形	沿梁纵向，顶板
5	4401	拉伸变形	沿梁横向，顶板
8	18644	先压后拉	沿梁横向，顶板（超限）
9	1020	压缩变形	沿梁纵向，顶板
10	7400	拉伸变形	沿 U 肋纵向，U 肋上
11	16280	拉伸变形	沿 U 肋纵向，U 肋上（超限）
12	2000	压缩变形	沿梁横向，顶板
13	4400	拉伸变形	沿梁纵向，顶板
14	1740	压缩变形	沿梁横向，顶板
15	2380	拉伸变形	沿梁纵向，顶板
16	1400	压缩变形	沿横隔板方向，横隔板
17	13000	压缩变形	沿梁纵向，顶板
18	684	压缩变形	沿梁横向，顶板

2.4.4 加速度测试结果分析

试验同时对工况 GL-9、GL-13 进行了加速度测试。加速度传感器粘贴如图 2.15 所示。在工况 GL-13 中，爆心投影位置坐标（120，70，225）；冲击加速度传感器量程 30000g，位置坐标（-120，70，-375）；振动加速度传感器的量程 100g，放置在支座边缘处，坐标（120，70，-625）。

---

❶ ε 指应变，用于表示形变的程度，$\varepsilon = \dfrac{\Delta L}{L}$，$\mu\varepsilon$ 为微应变，$1\mu\varepsilon = \dfrac{\Delta L}{L} \times 10^{-6}$。

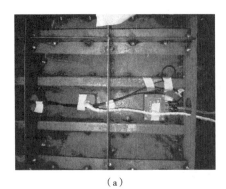 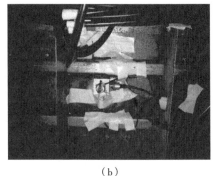

（a）　　　　　　　　　　　　　（b）

图 2.15　顶板背面加速度传感器粘贴图

振动和冲击加速度测试结果如图 2.16 所示。其中 X 方向为钢箱梁沿梁高度方向（为振动主方向），Y 方向为沿梁宽度方向，Z 方向为沿梁跨度方向。冲击加速度传感器测得的最大加速度达到 3255g，为 X 方向；振动加速度传感器测得的加速度峰值为 480.2g，为 Y 方向。振动加速度传感器由于靠近支座，受支座振动及梁上应力波传递影响，时程曲线中在振动后期出现多次的振动干扰。

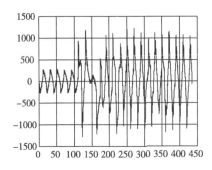

（a）GL-9 沿 X 方向冲击加速度时程曲线

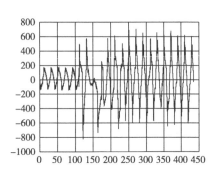

（b）GL-9 沿 Y 方向冲击加速度时程曲线

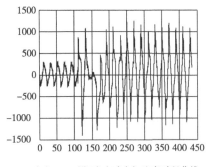

（c）GL-9 沿 Z 方向冲击加速度时程曲线

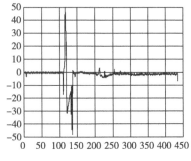

（d）GL-9 沿 X 方向振动加速度时程曲线

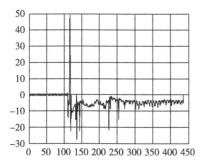

（e）GL-9 沿 Y 方向振动加速度时程曲线

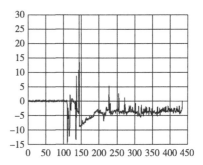

（f）GL-9 沿 Z 方向振动加速度时程曲线

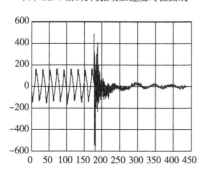

（g）GL-13 沿 X 方向冲击加速度时程曲线

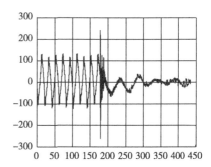

（h）GL-13 沿 Y 方向冲击加速度时程曲线

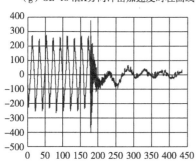

（i）GL-13 沿 Z 方向冲击加速度时程曲线

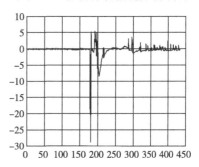

（j）GL-13 沿 X 方向振动加速度时程曲线

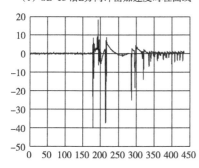

（k）GL-13 沿 Y 方向振动加速度时程曲线

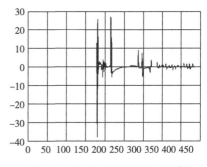

（l）GL-13 沿 Z 方向振动加速度时程曲线

图 2.16　振动和冲击加速度测试时程曲线

从图 2.16 可以看出，接近跨中测得的冲击加速度时程曲线和接近支座附近测得的振动加速度时程曲线有很大的区别，冲击加速度时程曲线振动幅度大，衰减快；振动加速度时程曲线振动幅度明显减小，且受到支座和顶板内应力波传递的影响，曲线后期中出现多次的小的震荡。

从冲击加速度时程曲线可以看到，在振动峰值之前，测到了梁振动的扰动信号，呈正弦波曲线，Z 方向的扰动大于其他两个方向的值。X 方向（主振型方向）扰动幅度平均为 $147g$，Y 方向扰动幅度平均为 $117g$，Z 方向扰动幅度平均为 $278g$。这个扰动信号应该来自最早到达钢箱梁的冲击波引起的结构的自由振动。

3

铺装层对钢箱梁抗爆性能影响的
试验研究

3.1 引言

为了研究如何减少钢箱梁在爆炸荷载中的破坏，提高其抗爆性能，试验中除了对 14 个 GL 系列工况的钢箱梁做了爆炸试验之外，对另外 8 个 PZL-系列工况钢箱梁铺设了配置单层（或双层）钢筋网的钢筋混凝土铺装层和铺设卡夫拉（Kevlar 布）的混凝土铺装层，在相同的炸药药量和距钢箱梁顶板相同爆距的前提下，也进行了爆炸试验，研究铺装层对减少钢箱梁顶板破坏程度的影响。

在现代桥梁结构中，通过在桥面上铺装水泥混凝土、沥青混凝土等铺装形式，来保护桥面板、防止车轮直接磨耗桥面、分散车轮的集中荷载、防水和防腐等。目前桥面铺装面层做法有水泥混凝土，沥青混凝土，沥青混凝土作为上面层、水泥混凝土作为下面层三种。本章重点研究水泥混凝土铺装层的抗爆性能，铺装层中采用钢筋网夹层体系（分为单层铺设和双层铺设），同时为了比较不同夹层体系对钢箱梁抗爆性能的影响，个别工况另外增设具有较好抗冲击性能的 Kevlar 布防爆层（分为 5 层铺设和 10 层铺设，每层之间用环氧树脂黏结，并高压压制成具有一定厚度的 Kevlar 布防爆层）。

3.2 试验方案

从第 2 章试验结果可以看到，由于试验为近距离爆炸试验，局部效应明显，铺装层统一浇筑尺寸为 $240mm \times 450mm \times 15mm$，内部设钢丝网，钢丝网分为单层和双层设置。钢丝网选用直径为 0.3mm 的镀锌铁丝，网格间距 2mm。水泥混凝土铺装层强度等级为 C40（采用细粒混凝土集料，最大粒径不大于 15mm，含砂率大于 50%）。试验共进行了 8 个工况的钢箱梁的铺装层爆炸试验，钢箱梁采用单箱单室结构形式，采用 Q235A 钢板制作，钢箱梁横隔板间距有 150 mm 和 250 mm 两种规格，其他结构参数完全一致。具体材料力学性能指标如表 3.1 所列。

表 3.1　材料力学性能指标

材料	厚度/直径 t/mm	屈服强度 σ_y/MPa	极限强度 σ_y/MPa	弹性模量 E/GPa	密度 $\rho/$ (g/cm^3)	伸长率 $\delta_s/\%$
Q235A	1.5	400	502	210	7.8	20

材料	厚度/直径 t/mm	屈服强度 σ_y/MPa	极限强度 σ_y/MPa	弹性模量 E/GPa	密度 ρ/ (g/cm³)	伸长率 δ_s/%
钢丝网	Φ0.3@2	255.6	346.3	180	0.06	—
Kevlar 布	0.3	2.76（抗张拉）	—	131	1.44	2.6

　　PZL-1 与 PZL-2 不设置混凝土铺装层，PZL-3～PZL-8 设置钢丝网混凝土铺装层，PZL-5、PZL-7 和 PZL-8 在钢丝网混凝土铺装层和钢箱梁之间设置了 Kevlar 布防爆层，具体设置情况见图 3.1、表 3.2 和表 3.3。

混凝土铺装层

Kevlar布防爆层

（a）爆炸试验前　　　　　　　　　　（b）爆炸试验后

图 3.1　钢箱梁混凝土铺装试块及 Kevlar 布防爆层

表 3.2　横隔板间距 250mm 工况铺装类别

梁编号	PZL-1	PZL-3	PZL-5	PZL-7
铺装层类别	无	双层网混凝土	5 层 Kevlar 布＋双层网混凝土	10 层 Kevlar 布＋单层网混凝土

表 3.3　横隔板间距 150mm 工况铺装类别

梁编号	PZL-2	PZL-4	PZL-6	PZL-8
铺装层类别	无	单层网混凝土	双层网混凝土	5 层 Kevlar 布＋单层网混凝土

　　钢箱梁与炸药及混凝土铺装层的相对位置关系如图 3.2 所示、图 3.3 所示，炸药采用 TNT/RDX（40/60）混合炸药，密度为 1.597g/cm³，通过三脚架固定在钢梁的上部，炸药中心投影点位于钢箱梁横隔板与加劲肋之间，药柱底部距离钢箱梁表面的爆炸高度统一设定为 70mm，炸药 TNT 当量均为 52g（炸药到箱梁表面比例距离 $R_1 = 0.256$ m/kg$^{1/3}$）。钢箱梁顶板背爆面、

加劲肋和横隔板上粘贴有应变片，应变采集仪选用北戴河电子仪器厂的 TST3406 动态测试分析仪 XHCDSP-8CH-10M 数据采集仪，并在试验前进行了静态标定，采样频率设置为 5MHz。加速度传感器是中北大学自行研制的三向加速度传感器，型号为 NCVH100-3，分别为冲击加速度传感器和振动加速度传感器，分别放置在沿梁跨度 1/2 和 1/4 的钢箱梁侧面位置处，如图 3.4 所示（与之前放置不同，GL 系列工况传感器贴在钢箱梁顶板背面，然后封闭底板）。靠近箱梁支座处采用中北大学自行研制的 CJB-V-01 壁面型压力传感器对钢箱梁表面空气冲击波超压值进行数据采集。

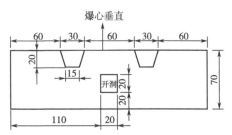

图 3.2　钢箱梁缩尺模型试件横截面图（单位：mm）

图 3.3　钢箱梁与混凝土铺装层装置图

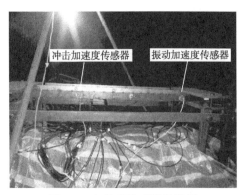

图 3.4　加速度传感器装置图

3.3 应变试验结果及分析

工况 PZL1～PZL8 主要是针对铺装层对钢箱梁抗爆性能的影响而进行的 8 个工况的试验研究。应变片粘贴于钢箱梁顶板背面背爆面的位置，详见图 3.5，钢箱梁采用先粘贴完应变片后焊接底板的施工顺序。

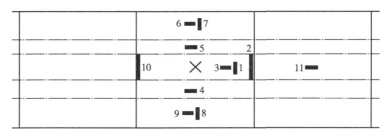

图 3.5 应变片编号详图（横隔板间距 250mm）

3.3.1 横隔板间距 250mm

1 号应变片位于顶板爆炸区隔内，偏离爆炸中心的位置，沿梁横向方向，从图 3.6 可以看出，PZL-1-1（光梁）开始反应时间为 0.0053s，峰值为 +5526με；PZL-3-1（双层网混凝土铺装）开始反应时间为 0.0041s，峰值为 −2837με；PZL-5-1（5 层 Kevlar 布＋双层网混凝土铺装）开始反应时间为 0.0061s，峰值为 −1836με；PZL-7-1（5 层 Kevlar 布＋单层网混凝土）开始反应时间为 0.0063s，峰值为 −4200με。反应时间均比光梁要延迟（PZL-3-1 除外，可能为采集时起始时间设置问题），应变峰值降低，效果最好的为 PZL-5-1，峰值降低幅度达 67%。有铺装层的工况与光梁相比，应变出现第一个反应与后续反应时间间隔上明显加大，最大的时间间隔是工况 PZL-3-1，为 0.07ms。

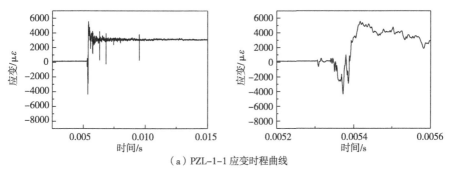

（a）PZL-1-1 应变时程曲线

图 3.6

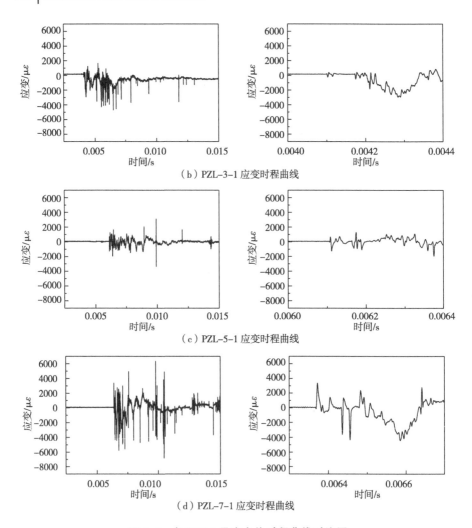

（b）PZL-3-1 应变时程曲线

（c）PZL-5-1 应变时程曲线

（d）PZL-7-1 应变时程曲线

图 3.6　各工况 1 号应变片时程曲线对比图

　　3 号应变片位于顶板爆炸区隔内，偏离爆炸中心的位置，沿梁纵向方向，从图 3.7 可以看出，PZL-1-3（光梁）开始反应时间为 0.0053s，峰值为 +4230με；PZL-3-3（双层网混凝土铺装）开始反应时间为 0.0041s，峰值为 -3579με；PZL-5-3（5 层 Kevlar 布＋双层网混凝土铺装）开始反应时间为 0.0061s，峰值为 +4518με；PZL-7-3（5 层 Kevlar 布＋单层网混凝土）开始反应时间为 0.0063s，峰值为 +9992με。反应时间均比光梁要延迟（PZL-3-3 除外，可能为采集时起始时间设置问题），应变峰值降低，效果最好的为 PZL-3-3，峰值降低幅度达 15%。有铺装层的工况与光梁相比，应变出现第一个反应与后续反应时间间隔上明显加大，最大的时间间隔是工况 PZL-7-3，为 0.06ms。

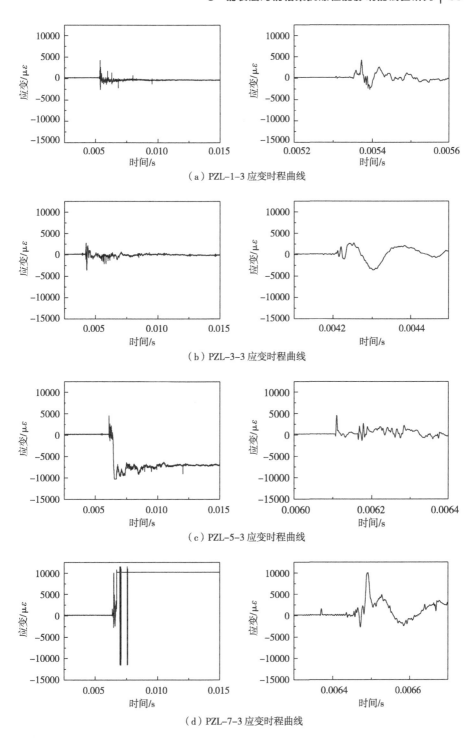

（a）PZL-1-3 应变时程曲线

（b）PZL-3-3 应变时程曲线

（c）PZL-5-3 应变时程曲线

（d）PZL-7-3 应变时程曲线

图 3.7 各工况 3 号应变片时程曲线对比图

4 号应变片位于加劲肋，沿梁纵向方向，从图 3.8 可以看出，PZL-1-4（光梁）开始反应时间为 0.0053s，峰值为 +10000με（削峰）；PZL-3-4（双层网混凝土铺装）开始反应时间为 0.0041s，峰值为 +10000με（削峰）；PZL-5-4（5 层 Kevlar 布 + 双层网混凝土铺装）开始反应时间为 0.0061s，峰值为 −5243με；PZL-7-4（5 层 Kevlar 布 + 单层网混凝土）开始反应时间为 0.0063s，峰值为 − 3217με。反应时间均比光梁要延迟（PZL-3-4 除外，可能为采集时起始时间设置问题），应变峰值降低，效果最好的为 PZL-7-4，峰值降低幅度达 68%。有铺装层的工况与光梁相比，应变出现第一个反应与后续反应时间间隔上明显加大，最大的时间间隔是

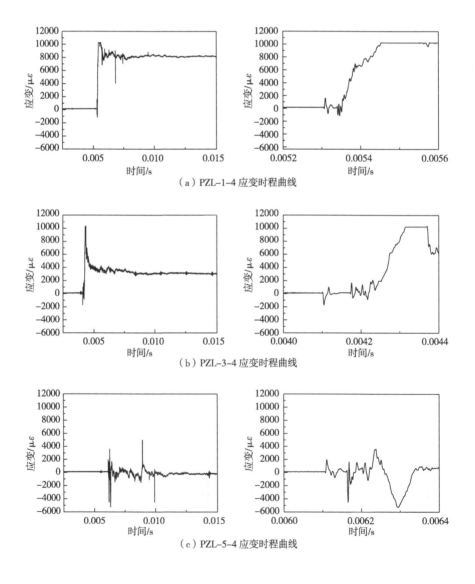

（a）PZL-1-4 应变时程曲线

（b）PZL-3-4 应变时程曲线

（c）PZL-5-4 应变时程曲线

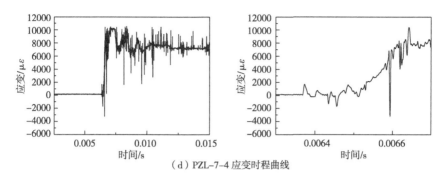

（d）PZL–7–4 应变时程曲线

图 3.8　各工况 4 号应变片时程曲线对比图

工况 PZL-3-4，为 0.07ms。从局部放大图来看，曲线最初的图形振动幅度相差不大，PZL-1-4 为 +1573με、PZL-3-4 为 −1573με，PZL-5-4 为 +1977με、PZL-7-4 为 −1548με，区别主要在后期的曲线振动上。

6 号应变片位于原离爆炸中心顶板区格，沿梁纵向方向，从图 3.9 可以看出，PZL-1-6（光梁）开始反应时间为 0.0053s，峰值 +3676με；PZL-3-6（双层网混凝土铺装）开始反应时间为 0.0041s，峰值为 +1055με；PZL-5-6（5 层 Kevlar 布＋双层网混凝土铺装）开始反应时间为 0.0061s，峰值为 +8695με；PZL-7-6（5 层 Kevlar 布＋单层网混凝土）开始反应时间为 0.0063s，峰值为 +10000με（削峰）。反应时间均比光梁要延迟（PZL-3-6 除外，可能为采集时起始时间设置问题），应变峰值降低，效果最好的为 PZL-3-6，峰值降低幅度达 71%。有铺装层的工况与光梁相比，应变出现第一个反应与后续反应时间间隔上明显加大，最大的时间间隔是工况 PZL-3-6，为 0.07ms。从局部放大图来看，曲线最初的图形振动幅度相差不大，PZL-1-6 为 +901με、PZL-3-6 为 +553με、PZL-5-6 为 +205με、PZL-7-6 为 −816με，区别主要在后期的曲线振动上。

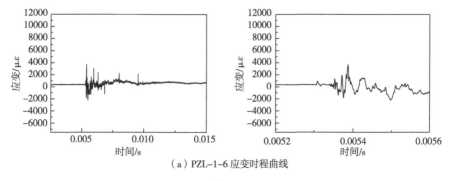

（a）PZL–1–6 应变时程曲线

图 3.9

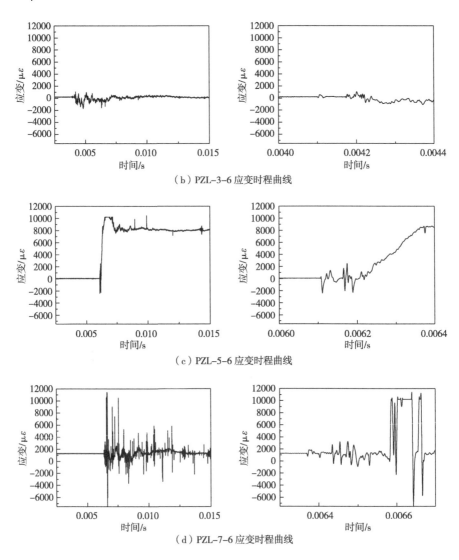

（b）PZL-3-6 应变时程曲线

（c）PZL-5-6 应变时程曲线

（d）PZL-7-6 应变时程曲线

图 3.9　各工况 6 号应变片时程曲线对比图

　　7 号应变片位于原离爆炸中心顶板区格，沿梁横向方向，从图 3.10 可以看出，PZL-1-7（光梁）开始反应时间为 0.0053s，峰值为＋2902με；PZL-3-7（双层网混凝土铺装）开始反应时间为 0.0041s，峰值为＋2335με；PZL-5-7（5 层 Kevlar 布＋双层网混凝土铺装）开始反应时间为 0.0061s，峰值为＋2666με；PZL-7-7（5 层 Kevlar 布＋单层网混凝土）开始反应时间为 0.0063s，峰值为－2209με。反应时间均比光梁要延迟（PZL-3-7 除外，可能是采集时起始时间设置问题），应变峰值降低，效果最好的为 PZL-7-7，

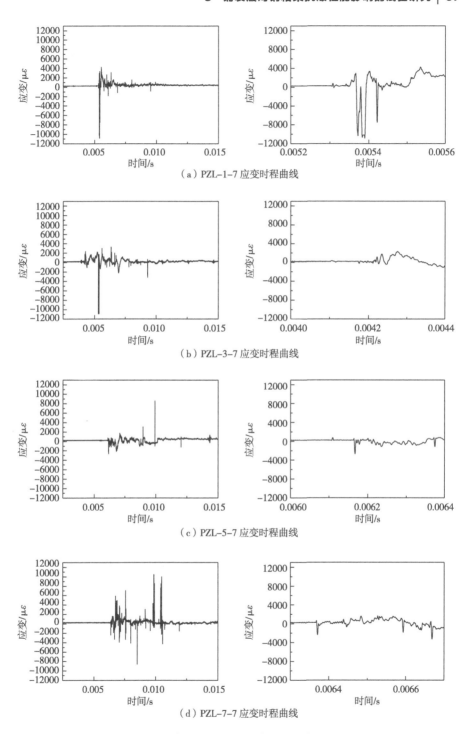

（a）PZL-1-7 应变时程曲线

（b）PZL-3-7 应变时程曲线

（c）PZL-5-7 应变时程曲线

（d）PZL-7-7 应变时程曲线

图 3.10　各工况 7 号应变片时程曲线对比图

峰值降低幅度达 24%。有铺装层的工况与光梁相比，应变出现第一个反应与后续反应时间间隔上明显加大，最大的时间间隔是工况 PZL-5-7，为 0.06ms。从局部放大图来看，曲线最初的图形振动幅度相差不大，PZL-1-7 为 +719με、PZL-3-7 为 +218με、PZL-5-7 为 −727με、PZL-7-7 为 −508με，区别主要在后期的曲线振动上。

8 号应变片位于原离爆炸中心顶板区格，沿梁横向方向，与 7 号应变片对应。从图 3.11 可以看出，PZL-1-8（光梁）开始反应时间为 0.0053s，峰值为 −11333με；PZL-3-8（双层网混凝土铺装）开始反应时间为 0.0041s，峰值为 +1722με；PZL-5-8（5 层 Kevlar 布 + 双层网混凝土铺装）开始反应时间为 0.0061s，峰值为 +9135με；PZL-7-8（5 层 Kevlar 布 + 单层网混凝土）开始反应时间为 0.0063s，峰值为 −7326με。反应时间均比光梁要延迟（PZL-3-8 除外，可能为采集时起始时间设置问题），应变峰值降低，效果最好的为 PZL-3-8，峰值降低幅度达 85%。有铺装层的工况与光梁相比，应变出现第一个反应与后续反应时间间隔上明显加大，最大的时间间隔是工况 PZL-7-8，为 0.13ms。从局部放大图来看，曲线最初的图形振动幅度相差不大，PZL-1-8 为 +335με、PZL-3-8 为 +858με、PZL-5-8 为 −402με、PZL-7-8 为 −918με，区别主要在后期的曲线振动上。

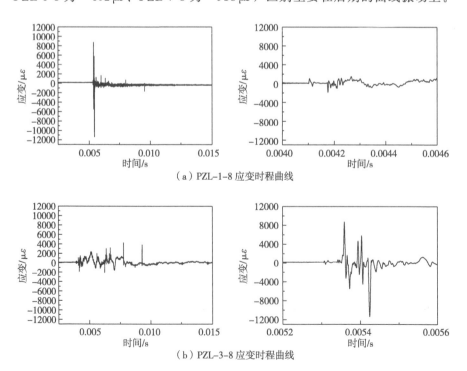

（a）PZL-1-8 应变时程曲线

（b）PZL-3-8 应变时程曲线

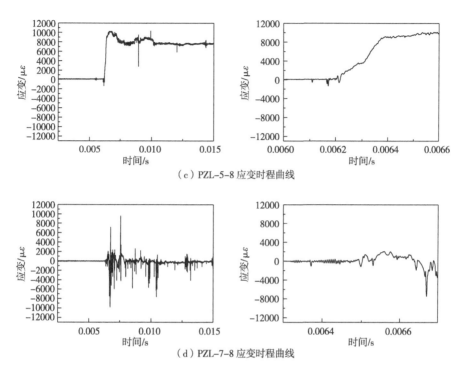

（c）PZL-5-8 应变时程曲线

（d）PZL-7-8 应变时程曲线

图 3.11 各工况 8 号应变片时程曲线对比图

9 号应变片位于原离爆炸中心顶板区格，沿梁纵向方向，与 6 号应变片对应。从图 3.12 可以看出，PZL-1-9（光梁）开始反应时间为 0.0053s，峰值为 +4812 με；PZL-3-9（双层网混凝土铺装）开始反应时间为 0.0041s，峰值为 +760 με；PZL-5-9（5 层 Kevlar 布＋双层网混凝土铺装）开始反应时间为 0.0061s，峰值为 −8601 με；PZL-7-9（5 层 Kevlar 布＋单层网混凝土）开始反应时间为 0.0063s，峰值为 +9860 με。反应时间均比光梁要延迟（PZL-3-9 除外，可能是采集时起始时间设置问题），应变峰值降低，效果最好的为 PZL-3-9，峰值降低幅度达 84％。有铺装层的工况与光梁相比，应变出现第一个反应与后续反应时间间隔上明显加大，最大的时间间隔是工况 PZL-3-9，为 0.06ms。从局部放大图来看，曲线最初的图形振动幅度相差不大，PZL-1-9 为 +465 με、PZL-3-9 为 −394 με、PZL-5-9 为 −1515 με、PZL-7-9 为 +2796 με，区别主要在后期的曲线振动上。

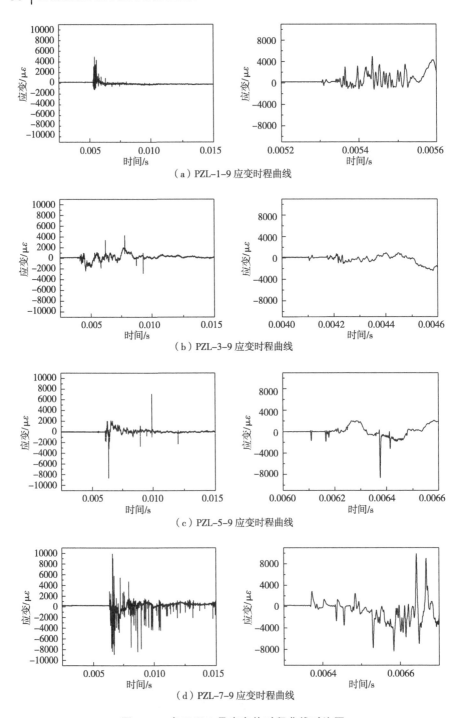

（a）PZL-1-9 应变时程曲线

（b）PZL-3-9 应变时程曲线

（c）PZL-5-9 应变时程曲线

（d）PZL-7-9 应变时程曲线

图 3.12　各工况 9 号应变片时程曲线对比图

3.3.2　横隔板间距 150mm

横隔板间距为 150mm 的应变片编号见图 3.13。

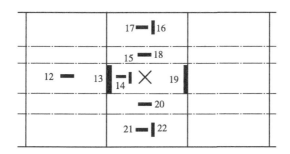

图 3.13　应变片编号详图 (横隔板间距 150mm)

13 号应变片位于横隔板顶端靠近顶板的位置，从图 3.14 可以看出，其主要产生压应变，从 4 个工况的比较来看，PZL-2-13（光梁）开始反应时间为 0.00461s，峰值为 $-10949\mu\varepsilon$；PZL-4-13（单层网混凝土铺装）开始反应时间为 0.0051s，峰值为 $-5900\mu\varepsilon$；PZL-6-13（双层网混凝土铺装）开始反应时间为 0.0077s，峰值为 $-8627\mu\varepsilon$；PZL-8-13（5 层 Kevlar 布＋

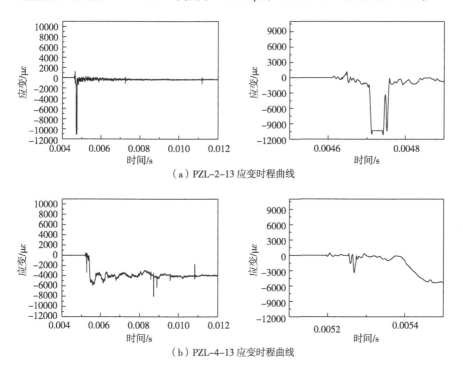

（a）PZL-2-13 应变时程曲线

（b）PZL-4-13 应变时程曲线

图 3.14

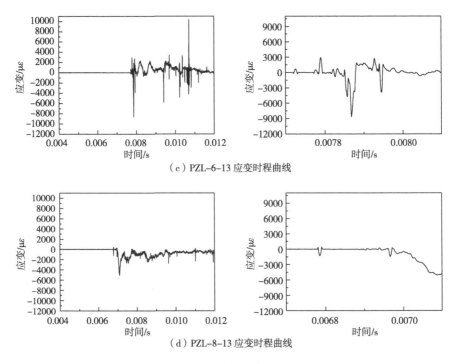

（c）PZL-6-13 应变时程曲线

（d）PZL-8-13 应变时程曲线

图 3.14　各工况 13 号应变片时程曲线对比图

单层网混凝土）开始反应时间为 0.007s，峰值为－5037με。反应时间均比光梁要延迟，应变峰值降低，效果最好的为 PZL-8-13，峰值降低幅度达 54%。有铺装层的工况比光梁相比，应变出现第一个反应与后续反应时间间隔上明显加大，最大的时间间隔是工况 PZL-8-13，为 0.19ms。

16 号应变片位于顶板远离爆炸中心的区隔位置上，沿梁横向的应变方向，从图 3.15 可以看出，其应变方向为先拉后压，从 4 个工况的比较来看，PZL-2-16（光梁）开始反应时间为 0.00461s，峰值为＋4448με；PZL-4-16（单层网混凝土铺装）开始反应时间为 0.0052s，峰值为＋3809με；PZL-6-16（双层网混凝土铺装）开始反应时间为 0.0077s，峰值为－6208με；PZL-8-16（5 层 Kevlar 布＋单层网混凝土）开始反应时间为 0.0067s，峰值＋2143με。反应时间均比光梁要延迟，应变峰值降低，效果最好的为 PZL-8-16，峰值降低幅度达 52%。有铺装层的工况与光梁相比，应变出现第一个反应与后续反应时间间隔上明显加大，最大的时间间隔是工况 PZL-8-16，为 0.12ms。

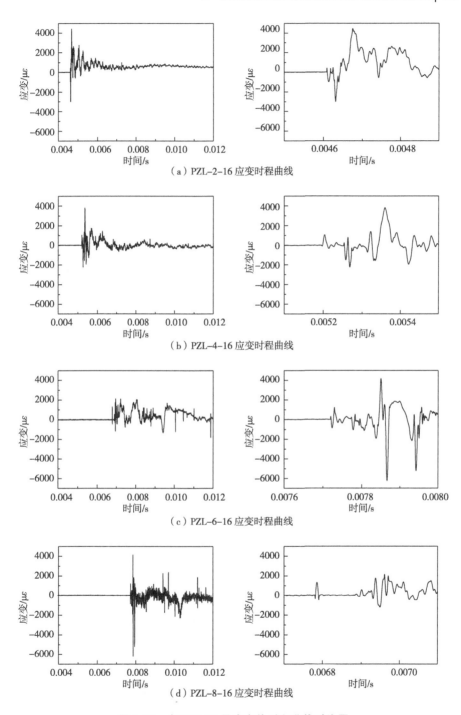

（a）PZL-2-16 应变时程曲线

（b）PZL-4-16 应变时程曲线

（c）PZL-6-16 应变时程曲线

（d）PZL-8-16 应变时程曲线

图 3.15 各工况 16 号应变片时程曲线对比图

　　22号应变片位于顶板远离爆炸中心的区隔位置上，沿梁横向的应变方向，与16号应变片位置对称，从图3.16可以看出，其应变方向为先拉后压，从4个工况的比较来看，PZL-2-22（光梁）开始反应时间为0.0046s，峰值为＋4556με；PZL-4-22（单层网混凝土铺装）开始反应时间为0.0052s，峰值为＋3059με；PZL-6-22（双层网混凝土铺装）开始反应时间为0.0077s，峰值为－4793με；PZL-8-22（5层Kevlar布＋单层网混凝土）开始反应时间为0.0069s，峰值为＋3587με。反应时间均比光梁要延迟，应变峰值降低，效果最好的为PZL-4-22，峰值降低幅度达23％。图3.16（b）和图3.16（c）应变曲线初始阶段比较一致，后期一个发生拉应

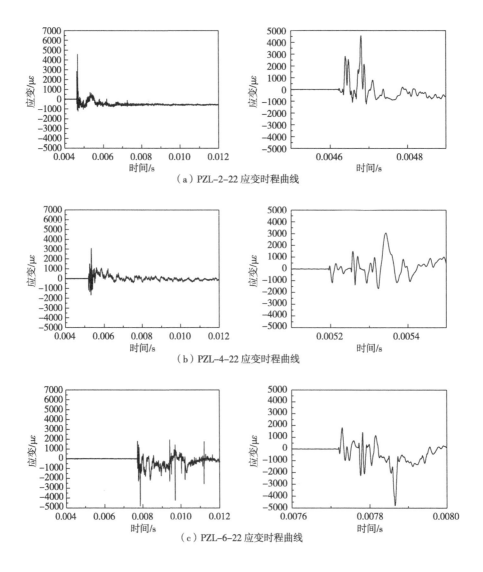

（a）PZL-2-22应变时程曲线

（b）PZL-4-22应变时程曲线

（c）PZL-6-22应变时程曲线

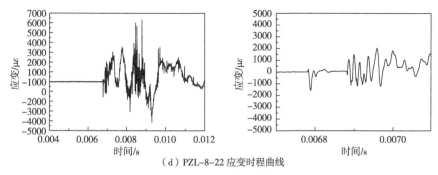

（d）PZL-8-22 应变时程曲线

图 3.16　各工况 22 号应变片时程曲线对比图

变，一个发生压应变，可能是由钢筋层数增加导致爆轰波在混凝土内部发生折射反射次数增加、使得传到钢梁表面波的拉伸压缩性质改变所致。有铺装层的工况与光梁相比，应变出现第一个反应与后续反应时间间隔上明显加大，最大的时间间隔是工况 PZL-8-22，为 0.1ms。

18 号应变片位于加劲肋的底部上，沿梁纵向的应变方向，从图 3.17 可以看出，其应变方向为先拉后压，从 4 个工况的比较来看，PZL-2-18（光梁）开始反应时间为 0.0046s，峰值为 $+7108\mu\varepsilon$；PZL-4-18（单层网混凝土铺装）开始反应时间为 0.0052s，峰值为 $+4489\mu\varepsilon$；PZL-6-18（双层网混凝土铺装）开始反应时间为 0.0077s，峰值为 $-4032\mu\varepsilon$；PZL-8-18（5层 Kevlar 布＋单层网混凝土）开始反应时间为 0.0069s，峰值为 $+9709\mu\varepsilon$。反应时间均比光梁要延迟，应变峰值降低，效果最好的为 PZL-6-18，峰值降低幅度达 43%。图 3.17（b）和图 3.17（c）应变曲线初始阶段比较一致，后期一个发生拉应变，一个发生压应变，可能是由钢筋层数增加导致爆轰波在混凝土内部发生折射反射次数增加、使得传到钢梁表面波的拉伸压缩性质改变所致。有铺装层的工况与光梁相比，应变出现第一个反应与后续反应时间间隔上明显加大，最大的时间间隔是工况 PZL-8-18，为 0.1ms。

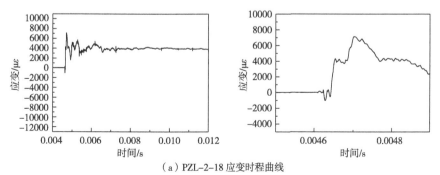

（a）PZL-2-18 应变时程曲线

图 3.17

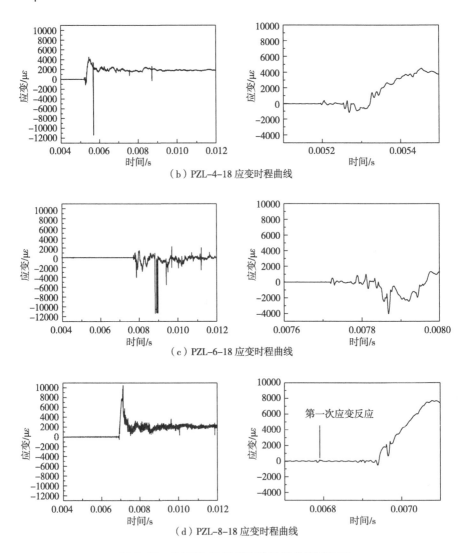

（b）PZL-4-18 应变时程曲线

（c）PZL-6-18 应变时程曲线

（d）PZL-8-18 应变时程曲线

图 3.17　各工况 18 号应变片时程曲线对比图

将 PZL-2 梁的 16 号应变片测到的应变时程曲线剔除问题数据后进行放大，得到图 3.18，由图可以计算出钢箱梁的响应频率：结构发生反应的第一个波峰时间间隔为 0.0003s，同时 0.9 倍应变峰值对应的时间与初始时间点间隔 $tr=9.85\times10^{-5}$，$f=\dfrac{0.35}{tr}=3553\mathrm{Hz}$，说明钢箱梁的响应频率在 3000Hz 左右。

从所有应变图形曲线可以看出，在爆炸区域内，沿梁纵向大多数为拉伸变形，沿梁横向为压缩变形，爆心附近 U 肋的拉伸变形最大，横隔板则

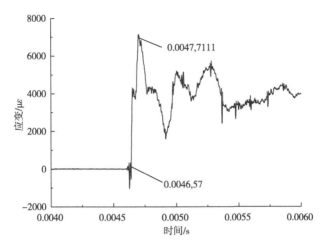

图 3.18　PZL-2 工况 16 号应变片时程曲线放大图

一边拉伸一边压缩；变形测试结果不对称，与炸药放置位置及炸药自身密度等因素很难做到绝对对称有关。

3.4　钢箱梁顶板与铺装层破坏情况及分析

表 3.4 中，工况 PZL-1 和 PZL-2 为光梁，工况 PZL-3～PZL-8 设置钢丝混凝土铺装层，R_2 为炸药爆心距混凝土铺装层顶面的垂直比例距离（炸药爆心距钢箱梁顶板面的垂直比例距离均为 $0.256\mathrm{m/kg^{1/3}}$），Kevlar 布 5 层厚度为 3mm，10 层厚度为 6mm；在 8 个工况中，钢箱梁顶板破坏情况均以凹洞为主，如图 3.19 所示。其中工况 PZL-1 与 PZL-2 沿加劲肋有撕裂，其他各个工况的凹洞塑性变形范围随着铺装层的不同破坏程度均有不同程度的降低。

表 3.4　各工况爆炸位置与破坏情况

工况	横隔板间距/mm	混凝土铺装层厚度/mm	内置钢筋网层数	铺装层下Kevlar布的设置层数/层	混凝土加Kevlar总厚度/mm	$R_2/$(m/kg$^{1/3}$)	钢箱梁顶板塑性变形范围/mm	钢箱梁顶板近似塑性破坏体积 $V^p/$mm^3	混凝土铺装层破坏状态描述（破坏核心区范围）
PZL-1	250	—	—	—	—	0.256	140×60×15	12.6×10^4	—

续表

工况	横隔板间距/mm	混凝土铺装层厚度/mm	内置钢筋网层数	铺装层下Kevlar布的设置层数/层	混凝土加Kevlar总厚度/mm	R_2/(m/kg$^{1/3}$)	钢箱梁顶板塑性变形范围/mm	钢箱梁顶板近似塑性破坏体积V^P/mm³	混凝土铺装层破坏状态描述（破坏核心区范围）
PZL-3	250	15	双	—	—	0.216	100×66×10	6.6×10⁴	6.5cm×6.5cm（四周裂缝最宽0.3cm）
PZL-5	250	15	双	5	18	0.208	100×60×10	6.0×10⁴	6.5cm×6.5cm（四周裂缝最宽1cm）
PZL-7	250	15	单	10	21	0.20	85×62×9	4.7×10⁴	8.0cm×8.0cm（四周裂缝最宽1.0cm）
PZL-2	150	—	—	—	—	0.256	140×60×14	11.8×10⁴	—
PZL-4	150	14	单	—	—	0.216	80×64×8	4.1×10⁴	7.5cm×7.5cm（四周裂缝最宽1.5cm）
PZL-6	150	14	双	—	—	0.219	100×60×12	7.2×10⁴	6.5cm×6.5cm（四周裂缝最宽1.7cm）
PZL-8	150	14	单	5	17	0.21	91×61×10	5.6×10⁴	6.0cm×7.2cm（四周裂缝最宽0.8cm）

注：塑性变形体积 V^P 为钢箱梁顶板塑性破坏。

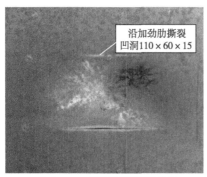

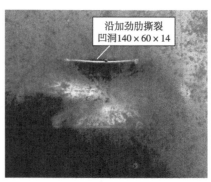

（a）PZL-1 钢箱梁顶板破坏状态　　　　　（b）PZL-2 钢箱梁顶板破坏状态

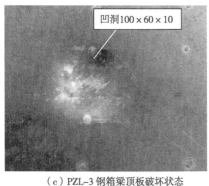

（c）PZL-3 钢箱梁顶板破坏状态

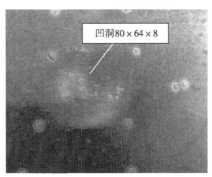

（d）PZL-4 钢箱梁顶板破坏状态

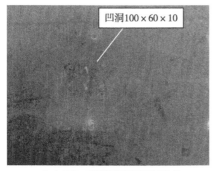

（e）PZL-5 钢箱梁顶板破坏状态

（f）PZL-6 钢箱梁顶板破坏状态

（g）PZL-7 钢箱梁顶板破坏状态

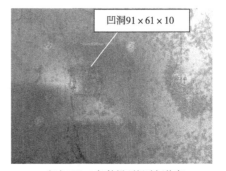

（h）PZL-8 钢箱梁顶板破坏状态

图 3.19　PZL 系列钢箱梁顶板典型破坏图（单位：mm）

设置铺装层可以有效地降低爆炸荷载对钢箱梁顶板的损害程度。如表 3.4 和图 3.19、图 3.20 所示，随着钢箱梁顶板铺装层的设置和增加 Kevlar 布，箱梁顶板的塑性变形程度有所不同。以钢箱梁顶板凹洞的范围及程度作为评价铺装层抗爆效果的指标，引入近似塑性破坏体积 V^p。可以看出，当不设置铺装层时，近似塑性破坏体积与横隔板的间距（其他结构参数都

相同的情况下）有关，横隔板间距越小，近似塑性破坏体积越小（间距
150mm 的钢箱梁近似塑性破坏体积比间距 250mm 的钢箱梁近似塑性破坏体
积减小幅度 6％）；设置铺装层后，近似塑性破坏体积显著减小，减小幅度最
大可达 43.6％（PZL-1 和 PZL-3 比较）和 63％（PZL-1 和 PZL-7 比较）。

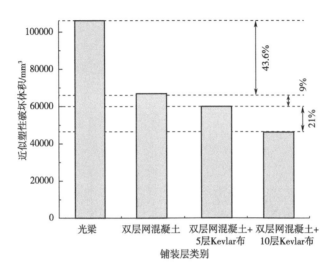

图 3.20　钢箱梁顶板近似塑性破坏体积与铺装层类别关系对比

　　如图 3.21 所示（彩图见书后），PZL-2、PZL-4、PZL-6 和 PZL-8
构件，钢箱梁横隔板间距同为 150mm，对顶板同一位置处的 18 号应
变片（加劲肋纵向方向应变）进行对比，发现设置铺装层对钢箱梁顶
板在爆炸荷载作用下的残余应变值有显著的降低作用，无铺装层的光
梁平均应变值为 4000με，设置单层网铺装层的钢箱梁顶板平均应变值
为 2000με，残余拉应变值比光梁顶板相同位置处的残余应变值均下降
约 50％；设置双层网铺装层的钢箱梁顶板平均应变值为 0，残余拉应
变值比光梁顶板相同位置处的残余应变值均下降约 100％，证明钢筋
网对阻隔冲击波起到较好的作用。铺装层中增加 Kevlar 布纤维层后，
残余拉应变值与铺设单筋网工况的残余应变值相当，说明 Kevlar 布纤
维层对应变的改变作用不大。

　　同时对应变起始反应时间点做比较，无铺装层＜设置单层网的铺装
层＜增设 Kevlar 布的单层网铺装层＜设置双层网的铺装层（0.0048ms＜
0.0053ms＜0.0069ms＜0.0077ms），说明设置铺装层可以有效阻挡爆炸冲
击波对钢箱梁的冲击，减缓结构的应变反应。从应变时程曲线看，双层网

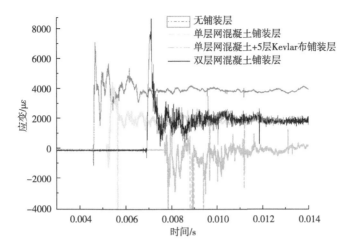

图 3.21 18 号应变片位置处不同铺装类别的应变时程曲线对比

与单层网相比，其应变反应时间滞后，残余应变减小 50%，说明混凝土铺装层内双层钢筋网的抗爆性能优于单层钢筋网；增设 Kevlar 布的钢丝网混凝土铺装层抗爆能力从应变的角度看优势不明显。

爆炸作用对混凝土铺装层产生了以径向和环向裂缝、混凝土保护层与钢丝网脱离等为特征的局部破坏作用，如图 3.22 所示。从图中可以看出，对混凝土铺装层破坏核心区直径及径向裂缝和环向裂缝做比较，设置双层钢筋网的混凝土铺装层的破坏程度明显小于设置单层钢筋网的混凝土铺装层，如图 3.22（a）和（b）所示；而 Kevlar 布这种纤维增强材料在一定的厚度下可以降低混凝土铺装层的破坏，如图 3.22（a）和图 3.22（c）所示；但随着这种材料厚度的增加，混凝土铺装层的破损程度会非常严重，如图 3.22（d）所示，混凝土破坏核心区范围较大，且环向裂缝及径向裂缝都比之前的工况严重。

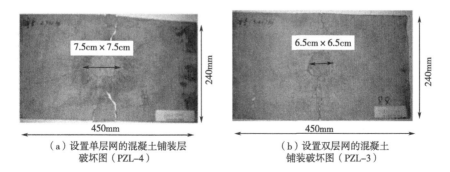

（a）设置单层网的混凝土铺装层破坏图（PZL-4）

（b）设置双层网的混凝土铺装破坏图（PZL-3）

图 3.22

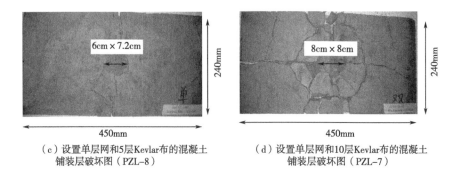

（c）设置单层网和5层Kevlar布的混凝土　　　（d）设置单层网和10层Kevlar布的混凝土
　　　铺装层破坏图（PZL-8）　　　　　　　　　　　　铺装层破坏图（PZL-7）

图 3.22　钢箱梁顶板混凝土铺装层破坏状态

从以上试验结果可以看出，配置钢丝网可以限制混凝土开裂，这主要是由于在素混凝土中加入钢丝网作为增强材之后，由于钢丝网的桥接作用，一方面对混凝土内部裂纹的发生和扩展起到了限制约束作用；另一方面通过基体材料的传递作用，很大一部分外力转嫁给钢丝网来承受，从而使钢丝网混凝土复合材料表现出了受爆炸冲击荷载力学性能的改善。这种改善会随着钢丝网层数的增加而体现出更为优异的特性。而 Kevlar 布越厚，它与混凝土的变形模量差值比较大，导致混凝土层层状分层破坏变得严重，如图 3.22（d）所示。Foglar 等[101]在进行钢纤维混凝土（UHPFRC）全尺寸桥面板在近场爆炸荷载作用下的全尺寸爆破试验研究中，发现采用玄武岩纤维网格布的 UHPFRC 试样比常规的 UHPFRC 试样内部损伤程度更大。将玄武岩纤维网格布放入 UHPFRC 试样底部的混凝土盖中，可以改善爆破性能，表现为剥落面积和碎片体积变大了。研究证明这是由激波的内部回弹引起的，这种回弹引起了试样内部应力的局部增大。试样的非均质性通过内部加固或玄武岩网片得到增强，将内部回弹引起的爆破破坏转化为层状分层。混凝土试样的分层可以有效地消散冲击波的能量。层状复合材料的非均质性将内部回弹引起的爆炸损伤转化为层状分层。通过试验也进一步验证了这一结论。

3.5　铺装层抗爆性能分析

从以上试验结果及数据可以得到：

① 设置铺装层可以有效降低爆炸荷载对钢箱梁顶板的损害程度。增加钢丝网夹层及纤维类吸能材料，均可以有效提高混凝土铺装层的抗爆性能（减少钢箱梁破坏可达 50％以上）。增设 Kevlar 布的钢丝网混凝土铺装层

抗爆能力优于单纯的钢丝网混凝土铺装层；设置双层钢筋网的混凝土铺装层的抗爆性能优于设置单层钢筋网的混凝土铺装层。

② 设置铺装层对钢箱梁顶板在爆炸荷载作用下的应变值有显著的降低作用及滞后性。

③ 对混凝土铺装层来说，钢丝网对限制混凝土开裂效果明显；纤维类吸能材料在达到一定厚度时，会加剧铺装层的破坏，需要进行合理设计和优化。从试验结果看，纤维类材料与混凝土铺装层的变形很难保持一致也是铺装层破坏严重的原因之一。

④ 将纤维类网格布放入混凝土中，可以改善抗爆性能，表现为混凝土剥落面积和碎片体积增加，下部结构损伤较小。混凝土铺装层的分层可以有效地消散冲击波的能量。层状复合材料的非均质性将内部回弹引起的爆炸损伤转化为层状分层。

4

钢箱梁近距离爆炸表面压力
测试与反射系数研究

4.1 引言

爆炸冲击波压力是爆炸测量的一个重要参数，是反映结构物遭受空中爆炸攻击时所受外荷载的重要数据，也是爆炸数值仿真计算的重要参数。爆炸压力测量从测点所属的位置来划分，主要包括自由场压力测量和结构物表面压力测量。为了研究汽车炸弹在桥面上方爆炸等恐怖袭击或其他运输危险品车辆的意外爆炸事件，本章进行了钢箱梁模型爆炸表面压力测量试验，以确定箱梁表面受到的冲击波压力值的大小，属于结构物表面压力测量。结构物表面冲击波压力测试存在的问题主要有三个方面：

① 传感器的放置位置。传感器如果固定在炸药垂直投影点结构物表面处，影响因素复杂[127-129]，对传感器的要求较高，且当被测压力超过40MPa时传感器极易损坏。

② 传感器的选择和试验方法。大部分薄膜类传感器在受到正向冲击作用时，随着结构物弯曲及变形，会产生应变效应，产生的电荷会叠加于压力波形上，引起一定偏差和干扰。

③ 黏结剂的选择及厚度如果不合适，壁面处冲击波的反射及可能的空化效应会使传感器易脱落。

试验采用自制 TNT/RDX（40/60）混合炸药，密度 $1.597g/cm^3$，具有低密度和低爆速等特点，找到其准确的炸药当量和炸药参数，是本试验需要解决的问题。因此选定合理的冲击波超压测试方案，准确测量钢箱梁表面压力，是试验的重要的环节。

基于此，本试验参照小剂量装药战斗部爆炸威力常用测试方法，采用了偏离炸药起爆点的超压测试方法，并通过误差分析，在经典理论公式的基础上，得到考虑钢箱梁变形破坏的冲击波反射系数。

4.2 爆炸冲击波超压经验公式

空中爆炸时，影响空气冲击波阵面上压力的主要因素有：药量 ω、炸药密度 ρ、爆速 D、介质的初始状态（p_0、ρ_0）、冲击波传播的距离 r[30]。根据爆炸相似定律，引入比例距离 $Z = \dfrac{r}{\sqrt[3]{\omega}}$，选取 p_0、ρ_0 和 r 为基本量纲，采用量纲分析法，可以得到超压与比例距离的关系式，一般以展开多项式表示[30]，多项式系数由实验或曲线拟合而成。冲击波波阵面最大超压计算较为经典的公式如下。

Brode（1955）根据炸药爆炸相似理论，提出 TNT 爆炸冲击波峰值超压（单位：MPa）可用下式确定[130]：

$$P = \begin{cases} 0.67\left(\dfrac{\sqrt[3]{\omega}}{r}\right)^3 + 0.1 & P \geqslant 1 \\ 0.0975\dfrac{\sqrt[3]{\omega}}{r} + 0.1455\left(\dfrac{\sqrt[3]{\omega}}{r}\right)^2 + 0.585\left(\dfrac{\sqrt[3]{\omega}}{r}\right)^3 - 0.0019 & 0.01 \leqslant P \leqslant 1 \end{cases}$$

$$(4.1)$$

J. Henrych（1979）用实验的方法给出的 TNT 空气中冲击波值超压（单位：MPa）的表达式[131]：

$$P = \begin{cases} 1.40717\dfrac{\sqrt[3]{\omega}}{r} + 0.55397\left(\dfrac{\sqrt[3]{\omega}}{r}\right)^2 - 0.03572\left(\dfrac{\sqrt[3]{\omega}}{r}\right)^3 + 0.000625\left(\dfrac{\sqrt[3]{\omega}}{r}\right)^4 \\ \hspace{8cm} 0.05 \leqslant Z \leqslant 0.3 \\ 0.61938\dfrac{\sqrt[3]{\omega}}{r} - 0.03262\left(\dfrac{\sqrt[3]{\omega}}{r}\right)^2 + 0.21324\left(\dfrac{\sqrt[3]{\omega}}{r}\right)^3 \quad 0.3 \leqslant Z \leqslant 1 \\ 0.0662\dfrac{\sqrt[3]{\omega}}{r} + 0.405\left(\dfrac{\sqrt[3]{\omega}}{r}\right)^2 + 0.3288\left(\dfrac{\sqrt[3]{\omega}}{r}\right)^3 \quad\quad 1 \leqslant Z \leqslant 10 \end{cases}$$

$$(4.2)$$

$$Z = \frac{r}{\sqrt[3]{\omega}}$$

式中　r——炸药到测点的距离，m；

　　　ω——炸药质量，kg。

Mills（1987）提出了 TNT 在空中爆炸时冲击波超压（单位：MPa）计算的另一种表达式[132]：

$$P = 0.108\frac{\sqrt[3]{\omega}}{r} - 0.114\left(\frac{\sqrt[3]{\omega}}{r}\right)^2 + 1.772\left(\frac{\sqrt[3]{\omega}}{r}\right)^3 \quad\quad (4.3)$$

Crawford 和 Karagozian 推荐求解峰值超压（单位：MPa）的表达式为[132]：

$$\frac{P}{P_0} = \frac{(0.028r^2 + 0.056)}{\left[(1+4.34r^2)(9.77r^2)(1-0.55r^2)\right]^{\frac{1}{2}}} \quad\quad (4.4)$$

文献 [126，133] 建议冲击波峰值超压（单位：MPa）可按式（4.5）计算，适用于 TNT 球形装药在无限空气中爆炸的工况：

$$P = 0.084 \frac{\sqrt[3]{\omega}}{r} + 0.27 \left(\frac{\sqrt[3]{\omega}}{r}\right)^2 + 0.7 \left(\frac{\sqrt[3]{\omega}}{r}\right)^3 \tag{4.5}$$

Chengqing Wu 和 Hong Hao 推荐冲波峰值超压（单位：MPa）可通过下式求得[134]：

$$P = \begin{cases} 1.059 \left(\frac{\sqrt[3]{\omega}}{r}\right)^{256} - 0.051 & 0.1 \leqslant Z \leqslant 1 \\ 1.008 \left(\frac{\sqrt[3]{\omega}}{r}\right)^{210} & 1 < Z \leqslant 10 \end{cases} \tag{4.6}$$

纳乌缅科、博特罗夫斯基和萨多夫斯基（M. A. Sadovskyi）通过试验得到 TNT 炸药冲击波峰值超压（单位：MPa）的表达式[131]：

$$P = \begin{cases} 1.07 \left(\frac{\sqrt[3]{\omega}}{r}\right)^3 - 0.1 & Z \leqslant 1 \\ 0.076 \frac{\sqrt[3]{\omega}}{r} + 0.255 \left(\frac{\sqrt[3]{\omega}}{r}\right)^2 + 0.65 \left(\frac{\sqrt[3]{\omega}}{r}\right)^3 & 1 < Z \leqslant 15 \end{cases} \tag{4.7}$$

文献［135］利用对数坐标，绘制出比例距离与冲击波超压峰值的关系，如图 4.1 所示。

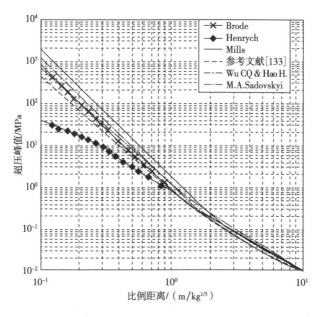

图 4.1　不同公式的冲击波超压峰值-比例距离关系比较

从图 4.1 中可以看到，随着比例距离的增大，各个公式计算的超压峰值结果呈递减趋势，当比例距离 Z 大于 $1\mathrm{m/kg^{1/3}}$ 时，各个公式预测的结果比较接近；在小比例距离范围内，各公式计算偏差还是较大的，其中 Brode 公式和文献［126，133］推荐的公式比较吻合。

以上公式均为 TNT 炸药在空中自由场爆炸冲击波超压峰值计算公式，当爆炸物为其他炸药时，应换算为 TNT 当量。经过综合比较及文献资料，鉴于试验采用炸药爆炸中心与传感器比例距离均为大于 1 的情况，本书选定 J. Henrych 推荐式（4.2）、文献［126，133］建议式（4.5）和纳乌缅科、博特罗夫斯基和萨多夫斯基式（4.7）中比例距离大于 1 的情况作为空中爆炸冲击波峰值计算公式，同时考虑到在钢箱梁表面有反射影响，引入反射系数进行研究。

4.3 试验方案及工况超压实测结果

4.3.1 试验方案

本试验钢箱梁表面冲击波超压测试属于结构物表面压力测量，影响因素较多。小药量近距离爆炸由于衰减较快，对传感器的要求较高，且考虑到传感器离炸药过近容易被破坏的因素，本试验采用中北大学自制的壁面型压力传感器，将传感器固定在如图 4.2 所示的位置，炸药位于钢箱梁的正上方，传感器固定在梁边靠近支座的位置，与梁顶板平齐。CJB-V-01 壁面型压力传感器见图 4.3。

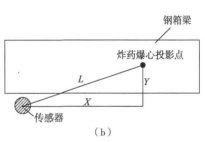

（a） （b）

图 4.2 压力传感器与钢箱梁、炸药相对位置图

传感器距离炸药爆心的投影点直线距离 L 为 80cm 左右（除工况 2），入射角 $\varphi=\mathrm{arccot}(H/L)$（$H$ 为爆心到箱梁顶板的垂直距离，L 远大于

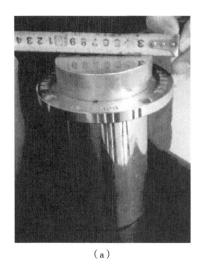 

（a）   （b）

图 4.3　CJB-V-01 壁面型压力传感器

H，冲击波入射角 φ 在 85°左右）。传感器偏离爆炸中心，可以保证炸药产生的冲击波超压值在传感器量程的 1/5～1/3，保证测量的精度。炸药与钢箱梁顶板的比例距离在 $0.2\mathrm{m/kg^{1/3}}$ 左右（按照常用汽车炸弹的 TNT 当量和底盘据桥面板的距离、小轿车汽车炸弹爆炸的比例距离为 0.088～$0.11\mathrm{m/kg^{1/3}}$、小客车汽车炸弹爆炸的比例距离为 $0.106～0.12\mathrm{m/kg^{1/3}}$，均为近距离爆炸）。试验所用 TNT/RDX（40/60）混合炸药的 TNT 当量按照其组成成分爆热，依据能量相似原理换算成 TNT 当量，换算公式见式（4.8），确定该炸药的 TNT 当量介于 1.2～1.3 倍之间[126]。

$$\omega_{\mathrm{g}} = \omega_{\mathrm{i}} \cdot \frac{Q_{\mathrm{vi}}}{Q_{\mathrm{vT}}} \tag{4.8}$$

对炸药 TNT/RDX（40/60），以 RDX 的爆热 $Q_{\mathrm{vi}} = 1300\mathrm{kcal/kg}$（$1\mathrm{kcal}\approx4186\mathrm{J}$），TNT 的爆热 $Q_{\mathrm{vi}} = 1000\mathrm{kcal/kg}$ 为参数，代入公式，得到

$$\omega_{\mathrm{g}} = \sum \omega_{\mathrm{i}} \cdot \frac{Q_{\mathrm{vi}}}{Q_{\mathrm{vT}}} = 21.6 \times 0.6 \times \frac{1300}{1000} + 21.6 \times 0.4 = 25.488 \ (\mathrm{g}) \tag{4.9}$$

得到试验爆炸所用炸药的 TNT 当量为

$$\frac{\omega_{\mathrm{g}}}{\omega_{\mathrm{i}}} = \frac{25.488}{21.6} = 1.18 \tag{4.10}$$

炸药 TNT 当量近似取为 1.2。

4.3.2　GL-系列工况冲击波试验结果及分析

每个混合炸药药柱（21.6g）相当于 25.488gTNT 炸药，TNT 当量约

为 1.2。传感器实测冲击波超压值见表 4.1。实测典型超压曲线如图 4.4 所示。超压传感器标定值，纵坐标 0 点代表一个大气压值，正值代表超出一个大气压的压力值，即冲击波波阵面上的超压 ΔP，负值代表低于一个大气压的压力值。冲击波超压实测值与不同当量计算超压值对比见图 4.5。表 4.1 中 TNT 当量采用 1.2 的取值进行计算。

表 4.1 各工况爆炸位置与实测超压值

工况	TNT 当量/g	H/mm	γ'_1/(m/kg$^{1/3}$)	L/cm	φ_0/(°)	γ''_1/(m/kg$^{1/3}$)	ΔP_M/kPa	ΔP_{MGL}/kPa	破坏状态
GL-1	52	50	0.202	85.8	86.66	2.3	169.5	160	破口
GL-3	52	50	0.202	81.2	86.47	2.2	270	255	凹洞，最大下凹 12mm 沿加劲肋局部撕裂
GL-4	104	100	0.252	86.0	83.37	1.8	417	373	四个凹洞，最大凹洞 16mm
GL-5	52	50	0.202	81.2	86.47	2.2	250	235	两端沿加劲肋撕裂，中间下凹 12mm
GL-6	104	70	0.19	97.5	85.89	2.1	221	205	两端沿加劲肋撕裂中间下凹 50mm
GL-7	52	50	0.202	83.8	86.59	2.3	227	214	两端沿加劲肋撕裂，中间局部撕裂，下凹 30mm，加劲肋屈曲严重
GL-9	52	70	0.256	80	87.6	2.2	258	247	沿加劲肋两侧轻微撕裂，中间下凹 22mm
GL-10	52	70	0.256	94.6	85.8	2.6	162	157	两侧轻微撕裂，中间最大下凹 25mm
GL-11	52	70	0.256	76.4	87.45	2.04	297	282	凹洞，最大下凹 9mm
GL-12	52	70	0.256	90.8	88	2.44	156	151	凹洞，最大下凹 9mm
GL-13	104	80	0.21	80.5	86.87	1.6	473	448	出现花瓣形破口塑性破坏范围超出加劲肋区域，最大下凹 54mm

注：H 为药柱底部距顶板距离，mm；γ'_1 为爆心距顶板比例距离，m/kg$^{1/3}$；γ''_1 为爆心距传感器比例距离，m/kg$^{1/3}$；L 为传感器距爆心投影直线距离，cm；爆炸冲击波入射角 $\varphi_0 = \text{arccot}(H/L)$，均大于临界角 φ_c[30]。ΔP_M 为传感器实测到的超压值（马赫波阵面超压值），$\Delta P_M = \Delta P_{MGL}(1+\cos\varphi)$；$\Delta P_{MGL}$ 为传感器位置处冲击波超压值（不考虑反射），单位 kPa，ΔP_M、ΔP_{MGL} 的具体分析推导见 4.3 节内容。

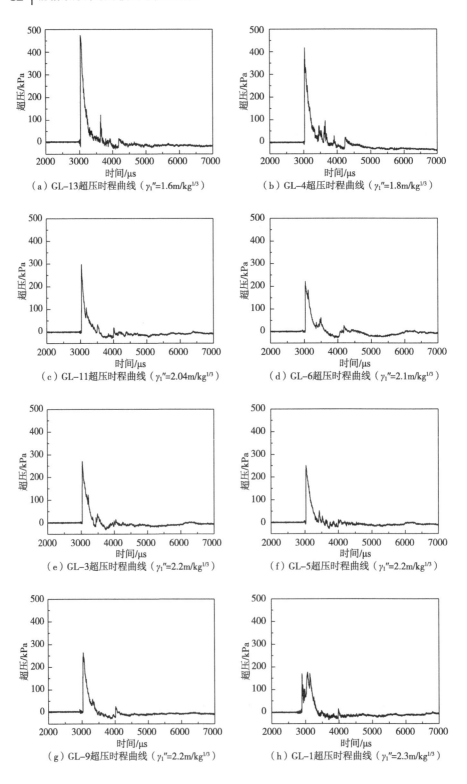

（a）GL-13超压时程曲线（γ_1''=1.6m/kg$^{1/3}$）

（b）GL-4超压时程曲线（γ_1''=1.8m/kg$^{1/3}$）

（c）GL-11超压时程曲线（γ_1''=2.04m/kg$^{1/3}$）

（d）GL-6超压时程曲线（γ_1''=2.1m/kg$^{1/3}$）

（e）GL-3超压时程曲线（γ_1''=2.2m/kg$^{1/3}$）

（f）GL-5超压时程曲线（γ_1''=2.2m/kg$^{1/3}$）

（g）GL-9超压时程曲线（γ_1''=2.2m/kg$^{1/3}$）

（h）GL-1超压时程曲线（γ_1''=2.3m/kg$^{1/3}$）

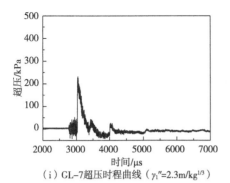

（i）GL-7超压时程曲线（γ_1''=2.3m/kg$^{1/3}$）

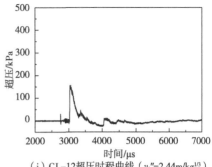

（j）GL-12超压时程曲线（γ_1''=2.44m/kg$^{1/3}$）

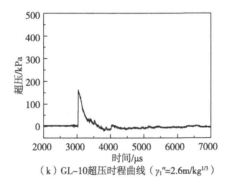

（k）GL-10超压时程曲线（γ_1''=2.6m/kg$^{1/3}$）

图 4.4　实测典型超压时程曲线（GL 系列工况）

图中纵坐标 0 点对应一个标准大气压值

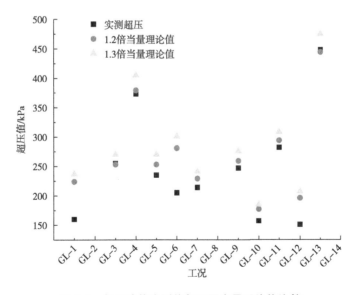

图 4.5　超压峰值实测值与不同当量理论值比较

GL-1 在封闭的爆炸洞（直径 7m）内进行，所以传感器测得的超压值时程曲线受到的反射干扰比较大，出现多个峰值点［图 4.4（a）］，GL-3 在野外进行，所以测得的超压时程曲线受反射干扰较小，曲线较好［图 4.4（b）］。GL-4～GL-10 冲击波超压时程曲线形状均与 GL-3 相似。从图中可以看出，超压时程曲线的峰值与传感器距离炸药的比例距离 γ_1' 成反比，如 GL-4 和 GL-13，比例距离较小，测到的超压峰值最大；GL-12 和 GL-10 比例距离较大，测得的超压值最小；GL-1 和 GL-7 比例距离相同，超压值不同，应与顶板的破口状态有关系，GL-1 顶板破口且有碎片产生并冲破底板，消耗了很多能量，导致冲击波超压减小。超压曲线在 $3500\mu s$ 和 $4000\mu s$ 附近均有反射信号，如果箱梁顶板只是凹洞或轻微的开裂，曲线中两个反射信号之间的曲线相对比较平滑，如 GL-3、GL-5、GL-9～GL-12 的超压时程曲线；如果箱梁顶板除了凹洞，还发生较为严重的开裂，加筋肋屈曲或顶板严重破坏，则曲线中两个反射点之间的曲线干扰较为严重，如 GL-1、GL-4、GL-6、GL-7、GL-3 和 GL-13 的超压时程曲线。

4.3.3 PZL-系列工况冲击波试验结果及分析

各工况爆炸位置与实测超压值见表 4.2。

表 4.2 各工况爆炸位置与实测超压值

工况	TNT 当量/g	H/mm	γ_1'/ (m/ kg$^{1/3}$)	L/cm	φ_0	γ_1''/ (m/ kg$^{1/3}$)	ΔP_M/ kPa	ΔP_{MGL}	铺装层破坏状态
PZL-1	52	70	0.256	98.0	89.10	2.60	166	163	—
PZL-3	52	70	0.208	95.6	89.07	2.56	174	171	6.5cm×6.5cm（四周裂缝宽 0.3cm）
PZL-7	52	70	0.219	95.0	88.70	2.55	234	229	8.0cm×8.0cm（四周裂缝宽 1.0 cm，具有明显的破坏外圈）
PZL-2	52	70	0.216	82.5	88.90	2.20	264	259	—
PZL-4	52	70	0.20	81.5	88.90	2.19	287	282	7.5 cm×7.5cm（四周裂缝最宽 1.5cm）

工况	TNT 当量/g	H/ mm	γ_1'/ (m/ $kg^{1/3}$)	L/cm	φ_0	γ_1''/ (m/ $kg^{1/3}$)	ΔP_M/ kPa	ΔP_{MGL}	铺装层破坏状态
PZL-6	52	70	0.216	80.0	89.00	2.14	297	292	6.5cm×6.5cm（四周裂缝最宽1.7cm）
PZL-8	52	70	0.21	80.6	85.80	2.16	314	293	6.0cm×7.2cm（四周裂缝最宽0.8cm）

注：1. H 为药柱底部距铺装层顶面距离，mm；γ_1' 为爆心距铺装层顶面比例距离，m/kg$^{1/3}$；γ_1'' 为爆心距传感器比例距离，m/kg$^{1/3}$；L 为传感器距爆心投影直线距离，cm；爆炸冲击波入射角 $\varphi_0 = \text{arccot}(H/L)$，均大于临界角 φ_c[30]。ΔP_M 为传感器实测到的超压值（马赫波阵面超压值），$\Delta P_M = \Delta P_{MGL}(1+\cos\varphi)$；$\Delta P_{MGL}$ 传感器位置处冲击波超压值（不考虑反射），单位 kPa。ΔP_M、ΔP_{MGL} 的具体分析推导见 4.3 节内容。

2. 由于主要考察铺装层表面破坏对波反射系数的影响，因此未列出钢板的破坏状况。

从图 4.6 可以看出，传感器实测冲击波超压峰值与传感器到炸药的比例距离成反比，超压曲线在 3500μs 和 4000μs 附近均有反射信号，除了 PZL-1

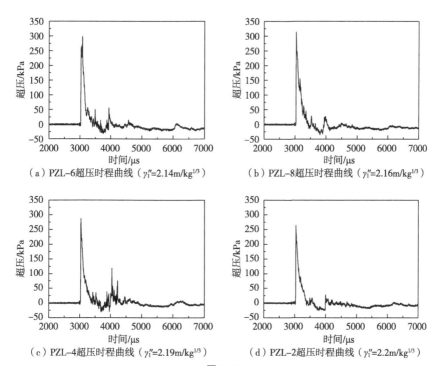

（a）PZL-6超压时程曲线（γ_1''=2.14m/kg$^{1/3}$）　　（b）PZL-8超压时程曲线（γ_1''=2.16m/kg$^{1/3}$）

（c）PZL-4超压时程曲线（γ_1''=2.19m/kg$^{1/3}$）　　（d）PZL-2超压时程曲线（γ_1''=2.2m/kg$^{1/3}$）

图 4.6

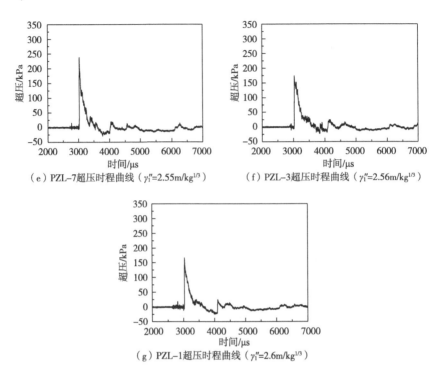

（e）PZL–7超压时程曲线（$\gamma_1''=2.55\text{m/kg}^{1/3}$）　（f）PZL–3超压时程曲线（$\gamma_1''=2.56\text{m/kg}^{1/3}$）

（g）PZL–1超压时程曲线（$\gamma_1''=2.6\text{m/kg}^{1/3}$）

图 4.6　实测各工况超压时程曲线（PZL 系列工况）

与 PZL-2 为光梁，曲线较为平滑之外，其余工况的超压时程曲线均因为铺装层的破坏而又较大的干扰信号。

4.4　钢箱梁表面近距离爆炸反射系数研究

试验中，装药到钢箱梁顶板的距离（最大 100mm）远小于装药距离地面的距离（800mm 左右），因此，传感器测到的超压值主要考虑钢箱梁对冲击波的反射影响，空气压力场的分布情况如图 4.7 所示，装药引爆后，爆炸冲击波向四周传播，经过很短的时间，爆炸冲击波到达障碍物钢箱梁顶板的反射平面，冲击波与箱梁顶板平面开始相互作用，产生正反射和规则反射，反射波阵面的强度大于入射波阵面的强度，反射点处压力最高。随着时间的推移，入射波阵面和反射波阵面的夹角逐渐减小，当两者夹角减小至 40°左右时[126]，反射波阵面与入射波阵面在地面处贴合，形成另一个冲击波波阵面，即马赫波波阵面。入射波、反射波和马赫波的交点随着距离的增加而逐渐升高。

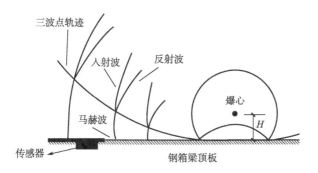

图 4.7 空气压力场的分布与传感器布置图

由于试验中传感器的位置位于三波点以下，且该处冲击波的入射角度 φ 基本在 85°左右，大于临界角 φ_{0c}（φ_{0c} 极限值大约为 40°），所以传感器测到的为马赫反射压，且只经历一次超压值（有限元模拟结果也可以看出，详见第 6 章模拟结果所示）。传感器位置处的冲击波超压值计算可以通过文献［126］的公式来进行分析计算：

$$\Delta P_{M} = \Delta P_{MGL}\ (1+\cos\varphi) \tag{4.11}$$

式中　ΔP_{M}——传感器测到的马赫波阵面超压，MPa；

ΔP_{MGL}——装药在钢箱梁上部爆炸时传感器位置处冲击波超压，MPa；

φ——传感器位置处对应的入射波的入射角。

ΔP_{MGL} 的确定推导如下。

由文献［122］可知，TNT 球状装药（或形状接近的装药）在无限空气介质中爆炸时，空气冲击波峰值超压公式为：

$$\Delta P_{MK} = 0.084\frac{\sqrt[3]{\omega}}{r} + 0.27\left(\frac{\sqrt[3]{\omega}}{r}\right)^{2} + 0.7\left(\frac{\sqrt[3]{\omega}}{r}\right)^{3} \tag{4.12}$$

装药在地面附近爆炸时，地面会对爆炸产生的冲击波进行阻挡，使得空气冲击波只能向地面以上一半的无限空间传播。当障碍物为刚性地面时，可近似认为其对冲击波的反射是完全反射，故可看作是 2 倍的装药量在无限空间爆炸［126］，将 $\omega_{e}=2\omega$ 代入式（4.12），得到

$$\Delta P_{MGD} = 0.106\frac{\sqrt[3]{\omega}}{r} + 0.43\left(\frac{\sqrt[3]{\omega}}{r}\right)^{2} + 1.4\left(\frac{\sqrt[3]{\omega}}{r}\right)^{3} \tag{4.13}$$

装药在普通地面爆炸时，地面受到爆炸产物的作用发生变形、破坏，此时，考虑地面消耗了一部分爆炸能量，文献［122］取反射系数 $\omega_{e}=1.8\omega$，代入式（4.12），得到

$$\Delta P_{MPD} = 0.102\frac{\sqrt[3]{\omega}}{r} + 0.399\left(\frac{\sqrt[3]{\omega}}{r}\right)^2 + 1.26\left(\frac{\sqrt[3]{\omega}}{r}\right)^3 \qquad (4.14)$$

式中　ΔP_{MK}——无限空中爆炸时冲击波的超压峰值，MPa；

ΔP_{MGD}——在刚性地面上方爆炸时冲击波的超压峰值，MPa；

ΔP_{MPD}——在普通地面上方爆炸时冲击波的峰值超压，MPa；

ω——TNT 装药质量，kg；

r——测点到爆炸中心的距离，m。

文献 [122] 中所述三种情况公式的适用条件均要求炸药到传感器的比例距离大于 1、小于 10～15，试验中各工况超压传感器距离和炸药当量计算的比例距离均大于 1，条件满足要求。从试验条件分析，根据各工况 $\dfrac{H}{\sqrt[3]{\omega}} \leqslant 0.35$（其中 H 为装药中心到钢梁垂直投影的距离），所以在计算空气冲击波超压时要考虑钢梁对它的阻挡作用，不能按装药在无限空气介质中爆炸时的公式计算；试验中钢箱梁顶板的刚度远小于刚性地面，按刚性地面计算也不合适；另外由于钢梁存在变形，所以更接近按普通地面爆炸的冲击波超压公式进行计算，因此，采用文献中按普通地面爆炸的冲击波超压公式进行计算是比较合理的，需要找到钢箱梁表面的合理的反射系数。

由于钢箱梁在爆炸过程中存在变形与破坏，如图 4.8 所示，需要消耗爆炸能量，假定反射系数为 δ，将 $\omega_e = \delta\omega$ 代入式（4.12），得到

$$\Delta P_{MGL} = 0.084\frac{\sqrt[3]{\delta\omega}}{r} + 0.27\left(\frac{\sqrt[3]{\delta\omega}}{r}\right)^2 + 0.7\left(\frac{\sqrt[3]{\delta\omega}}{r}\right)^3 \qquad (4.15)$$

此处式（4.12）与式（4.5）为同一公式，同理，式（4.2）、式（4.7）也可以推出类似的 ΔP_{MGL} 表达式。

$$\Delta P_{MGL} = 0.0662\frac{\sqrt[3]{\delta\omega}}{r} + 0.405\left(\frac{\sqrt[3]{\delta\omega}}{r}\right)^2 + 0.3288\left(\frac{\sqrt[3]{\delta\omega}}{r}\right)^3 \qquad (4.16)$$

$$\Delta P_{MGL} = 0.076\frac{\sqrt[3]{\delta\omega}}{r} + 0.255\left(\frac{\sqrt[3]{\delta\omega}}{r}\right)^2 + 0.65\left(\frac{\sqrt[3]{\delta\omega}}{r}\right)^3 \qquad (4.17)$$

PZL 工况系列，钢箱梁表面铺设混凝土铺装层板，首先对上述反射系数及公式进行了验证计算。δ 取值范围假定为 1.1～2.0，代入式（4.15）～式（4.17）进行数值计算和误差分析，计算结果如表 4.3～表 4.8 所列。其中，表 4.3～表 4.5 为 PZL-系列工况，表 4.6～表 4.8 为 GL-系列工况。$\dfrac{1}{\gamma_1''} = \dfrac{\sqrt[3]{\omega}}{r}$，$\gamma_1''$ 取表 4.1 中数值，为炸药到传感器的比例距离。

表 4.3　冲击波超压 ΔP_{MGL} 试验值与理论值比较 [PZL 系列，式（4.15）]

工况	试验值	理论计算值/kPa												
		$\delta=$ 1.1	$\delta=$ 1.2	$\delta=$ 1.3	$\delta=$ 1.4	$\delta=$ 1.5	$\delta=$ 1.6	$\delta=$ 1.63	$\delta=$ 1.65	$\delta=$ 1.67	$\delta=$ 1.7	$\delta=$ 1.8	$\delta=$ 1.9	$\delta=$ 2.0
PZL-1	163	120	127	135	142	149	156	158	160	161	163	170	177	184
PZL-3	171	124	131	139	147	154	161	164	165	167	169	176	183	190
PZL-7	229	125	133	140	148	155	163	165	167	168	170	178	185	192
PZL-2	259	171	182	194	205	215	226	229	231	234	237	247	258	268
PZL-4	282	173	184	196	207	218	229	232	234	236	239	250	260	271
PZL-6	292	182	194	206	218	229	241	244	247	249	252	264	275	286
PZL-8	293	178	190	202	213	225	236	239	241	244	247	258	269	280
标准差 σ		73.75	65.96	58.02	50.45	43.26	36	34.1	32.62	31.24	29.44	23.07	18.16	15.31

注：δ 为反射系数。

表 4.4　冲击波超压 ΔP_{MGL} 试验值与理论值比较 [PZL 系列，式（4.16）]

工况	试验值	理论计算值/kPa												
		$\delta=$ 1.1	$\delta=$ 1.2	$\delta=$ 1.3	$\delta=$ 1.4	$\delta=$ 1.5	$\delta=$ 1.6	$\delta=$ 1.63	$\delta=$ 1.65	$\delta=$ 1.67	$\delta=$ 1.7	$\delta=$ 1.8	$\delta=$ 1.9	$\delta=$ 2.0
PZL-1	163	111	118	125	132	138	145	147	148	150	151	158	164	171
PZL-3	171	115	122	129	136	143	150	152	153	155	157	163	170	177
PZL-7	229	116	123	130	137	144	151	153	155	156	158	165	172	178
PZL-2	259	159	169	180	190	200	210	213	215	217	220	230	240	249
PZL-4	282	161	171	182	192	202	212	215	217	219	222	232	242	252
PZL-6	292	169	180	191	202	213	224	227	229	231	234	245	255	266
PZL-8	293	166	177	187	198	209	219	222	224	226	229	240	250	260
标准差 σ		82.3	75.13	67.88	60.78	53.78	46.95	44.99	43.61	42.32	40.41	33.77	27.68	22.29

表 4.5　冲击波超压 ΔP_{MGL} 试验值与理论值比较 [PZL 系列，式（4.17）]

工况	试验值	理论计算值/kPa												
		$\delta=$ 1.1	$\delta=$ 1.2	$\delta=$ 1.3	$\delta=$ 1.4	$\delta=$ 1.5	$\delta=$ 1.6	$\delta=$ 1.63	$\delta=$ 1.65	$\delta=$ 1.67	$\delta=$ 1.7	$\delta=$ 1.8	$\delta=$ 1.9	$\delta=$ 2.0
PZL-1	163	111	117	123	130	136	142	143	145	146	148	153	159	165
PZL-3	171	114	121	127	134	140	146	148	149	150	152	158	164	170

续表

工况	试验值	理论计算值/kPa												
		$\delta=$ 1.1	$\delta=$ 1.2	$\delta=$ 1.3	$\delta=$ 1.4	$\delta=$ 1.5	$\delta=$ 1.6	$\delta=$ 1.63	$\delta=$ 1.65	$\delta=$ 1.67	$\delta=$ 1.7	$\delta=$ 1.8	$\delta=$ 1.9	$\delta=$ 2.0
PZL-7	229	115	122	128	135	141	147	149	150	152	153	159	165	171
PZL-2	259	154	164	173	182	190	199	202	203	205	208	216	224	233
PZL-4	282	156	165	174	183	192	201	204	205	207	210	218	226	235
PZL-6	292	163	173	183	192	202	211	214	215	217	220	229	238	246
PZL-8	293	160	170	179	189	198	207	209	211	213	216	224	233	242
标准差 σ		85.38	78.66	72.41	65.95	59.86	53.86	52.05	51.14	49.75	47.92	42.47	36.97	31.58

从以上各表的计算分析可以看出，混凝土作为接近刚性地面的材料，其反射系数取 2.0 时，误差的标准差最小；而三个公式的计算中，又以式（4.15）计算的表 4.3 中的标准差最小。说明式（4.15）与试验条件工况较为吻合。

结合 GL 系列中钢箱梁顶板的实际刚度和破坏程度，如图 4.8 所示，δ 取值范围假定为 1.1~2.0，代入式（4.15）~式（4.17）进行数值计算和误差分析，计算结果如表 4.6~表 4.8 所列。此处，$\dfrac{1}{\gamma_1''}=\dfrac{\sqrt[3]{\omega}}{r}$，$\gamma_1'$ 取表 4.1 中数值，为炸药到传感器的比例距离。

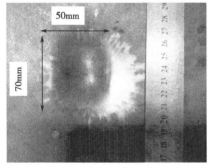

（a）凹洞

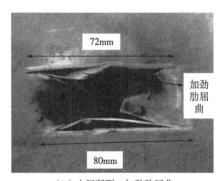

（b）中间断裂，加劲肋屈曲

图 4.8　钢箱梁表面变形及破坏工况图

表 4.6　冲击波超压 ΔP_{MGL} 试验值与理论值比较［GL 系列，式 (4.15) ］

工况	试验值	理论计算值/kPa												
		$\delta=$ 1.1	$\delta=$ 1.2	$\delta=$ 1.3	$\delta=$ 1.4	$\delta=$ 1.5	$\delta=$ 1.6	$\delta=$ 1.63	$\delta=$ 1.65	$\delta=$ 1.67	$\delta=$ 1.7	$\delta=$ 1.8	$\delta=$ 1.9	$\delta=$ 2.0
GL-1	160	156	166	176	185	195	205	208	210	211	214	224	233	242
GL-3	255	175	186	198	209	220	231	234	237	239	242	253	264	274
GL-4	373	258	276	294	312	329	346	351	355	358	363	380	397	413
GL-5	235	175	186	198	209	220	231	234	237	239	242	253	264	274
GL-6	205	194	207	220	232	245	257	261	264	266	270	282	294	306
GL-7	214	159	169	179	189	199	209	212	214	216	219	228	238	248
GL-9	247	179	191	203	214	226	237	240	243	245	248	259	270	281
GL-10	157	125	132	140	148	155	163	165	166	168	170	177	185	192
GL-11	282	202	216	229	242	256	269	272	275	278	281	294	307	319
GL-12	151	137	146	154	163	171	180	182	184	185	188	196	204	212
GL-13	448	301	322	343	364	384	405	411	415	419	425	445	465	485
标准差 σ	74	62.27	51.02	40.97	33.1	28.71	28.47	28.54	28.54	29.47	34.8	43.02	52.57	

　　从表 4.6 可以看出，$\delta=1.63$ 对应的超压计算值与实测值吻合度较好，标准方差 σ 最小，最大误差为 26%。而误差较大的 GL-1、GL-3 和 GL-6，实测值小于理论计算值的原因是其对应的破坏状态有严重的开裂和破口，吸收了较大的冲击波能量，使得超压实测值降低很多，详见表 4.7。

表 4.7　冲击波超压 ΔP_{MGL} 试验值与理论值比较［GL 系列，式 (4.16) ］

工况	试验值	理论计算值/kPa												
		$\delta=$ 1.1	$\delta=$ 1.2	$\delta=$ 1.3	$\delta=$ 1.4	$\delta=$ 1.5	$\delta=$ 1.6	$\delta=$ 1.63	$\delta=$ 1.65	$\delta=$ 1.67	$\delta=$ 1.7	$\delta=$ 1.8	$\delta=$ 1.9	$\delta=$ 2.0
GL-1	160	141	150	158	166	174	182	184	186	187	190	197	205	212
GL-3	255	157	167	176	185	194	203	206	208	209	212	220	229	237
GL-4	373	225	239	253	266	280	293	297	300	302	306	319	332	344
GL-5	235	157	167	176	185	194	203	206	208	209	212	220	229	237
GL-6	205	173	184	194	204	214	224	227	229	231	234	243	253	262
GL-7	214	144	152	161	169	177	185	188	189	191	193	201	209	216
GL-9	247	161	171	180	189	199	208	210	212	214	217	226	234	243

续表

工况	试验值	理论计算值/kPa												
		$\delta=$ 1.1	$\delta=$ 1.2	$\delta=$ 1.3	$\delta=$ 1.4	$\delta=$ 1.5	$\delta=$ 1.6	$\delta=$ 1.63	$\delta=$ 1.65	$\delta=$ 1.67	$\delta=$ 1.7	$\delta=$ 1.8	$\delta=$ 1.9	$\delta=$ 2.0
GL-10	157	115	122	128	135	141	147	149	150	151	153	159	165	171
GL-11	282	180	191	202	212	223	233	236	238	240	243	253	263	273
GL-12	151	125	133	140	147	154	161	163	165	166	168	175	181	188
GL-13	448	258	275	291	307	322	338	342	345	348	353	368	383	397
标准差 σ		95.45	85.41	76.01	67.12	58.48	50.48	48.32	46.86	45.61	43.48	37.67	33.66	32.18

表 4.8　冲击波超压 ΔP_{MGL} 试验值与理论值比较［GL 系列，式（4.17）］

工况	试验值	理论计算值/kPa												
		$\delta=$ 1.1	$\delta=$ 1.2	$\delta=$ 1.3	$\delta=$ 1.4	$\delta=$ 1.5	$\delta=$ 1.6	$\delta=$ 1.63	$\delta=$ 1.65	$\delta=$ 1.67	$\delta=$ 1.7	$\delta=$ 1.8	$\delta=$ 1.9	$\delta=$ 2.0
GL-1	160	144	154	163	172	181	190	193	195	196	199	208	217	225
GL-3	255	162	173	184	194	205	215	218	220	222	225	235	245	255
GL-4	373	240	257	273	290	306	322	327	330	333	338	353	369	385
GL-5	235	162	173	184	194	205	215	218	220	222	225	235	245	255
GL-6	205	180	192	204	216	228	239	243	245	247	251	262	273	284
GL-7	214	147	157	166	176	185	194	197	199	201	203	212	221	230
GL-9	247	166	177	188	199	210	220	223	225	228	231	241	251	261
GL-10	157	116	123	130	137	144	151	153	155	156	158	165	171	178
GL-11	282	188	200	213	225	238	250	253	256	258	262	274	285	297
GL-12	151	127	135	143	151	159	167	169	171	172	174	182	189	197
GL-13	448	280	300	319	338	357	376	382	386	390	395	414	433	451
标准差 σ		86.82	75.33	64.41	53.98	44.23	36.04	33.99	32.69	31.38	30.12	28.02	30.19	36

综合上述分析，选定式（4.15）及 1.63 作为钢箱梁近距离爆炸超压计算公式及反射系数的最后取值。GL 系列工况利用式（4.15）计算的各反射系数超压理论计算值与超压实测值对比见图 4.9；反射系数 1.63 计算的超压理论计算值与超压实测值对比见图 4.10。

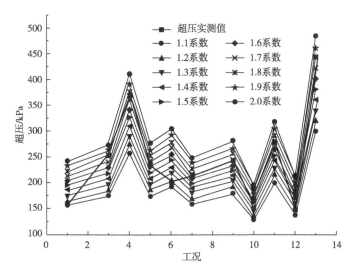

图 4.9　超压实测值与各反射系数理论值比较（GL 系列）

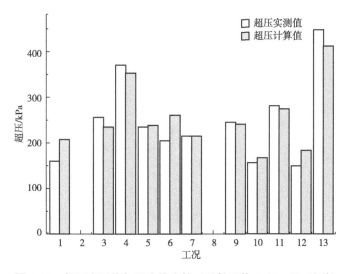

图 4.10　超压实测值与理论值比较（反射系数 1.63，GL 系列）

　　本实验属于近距离爆炸，受实验条件限制，超压传感器的放置位置要考虑量程和反射压的影响，采用传感器偏离炸药起爆点的超压测量方法。此时传感器测到的为马赫反射压 ΔP_{M}，并由此计算该位置处的冲击波超压值 ΔP_{MGL}。从理论分析可以看出，在钢箱梁上方近距离爆炸时，空气冲击波超压可以按在普通地面以上爆炸计算公式来计算，考虑反射系数的修正。试验采用误差分析的方法，确定在钢箱梁上部爆炸的冲击波反射系数为 1.63，由此计算出的超压值与试验值的标准方差最小。从图 4.10 中也能看出，所有工况中只要钢箱梁顶板出现破口、变形式位移时，所测超压值比理论值衰减很多，衰减最大可达29%，出现这种衰减的主要原因是顶板开裂、破口损耗了大量的爆炸能量。在比例距离接近的情况下，所测到的GL-1的超压值远小于GL-3的超压值（GL-3的值与理论计算值比较接近），这与GL-1的破坏状态有关。GL-1和GL-3的比例距离和结构参数基本相同，由于材质的原因，GL-1顶板出现破口，且产生碎片，碎片获得较大的速度，击穿地板，吸收了较大的爆炸冲击波的能量，而GL-3顶板破坏状态为凹洞，并未开裂，导致GL-1所测超压峰值比GL-3衰减38%，说明钢箱梁顶板的破坏状态对超压值的大小有一定的影响，如图4.11所示。冲击波超压值ΔP_{MGL}的理论计算、实测值对比见表4.9。

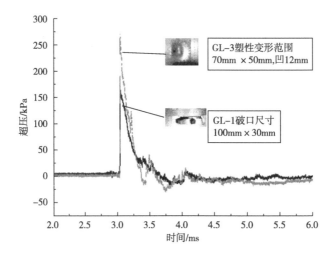

图4.11　GL-1和GL-3超压时程曲线实测值比较

表4.9　冲击波超压值ΔP_{MGL}的理论计算、实测值对比

工况	GL-1	GL-3	GL-4	GL-5	GL-6	GL-7	GL-9	GL-10	GL-11	GL-12	GL-13
超压实测值/kPa	160	255	373	235	205	214	247	157	282	151	448
超压理论值/kPa	208	234	351	234	261	212	240	165	272	182	411
百分误差/%	23	−8	−6	−0.4	27	−0.9	−3	5	−4	21	−8

5

钢箱梁顶板区格在爆炸荷载作用下破坏模式分析与研究

5.1 引言

钢箱梁顶板在爆炸载荷作用下产生较大的塑性变形甚至破损,在这种情况下弹性变形可以忽略不计,将桥面板当作刚塑性材料处理。为了对钢箱梁顶板区格在爆炸荷载作用下的破坏模式进行理论分析,作以下假设[136]:

① 所有材料属性都假设为是刚塑性的,包括板与加劲肋,不计材料的弹性部分及塑性强化部分;

② 由于研究的是钢箱梁顶板的塑性大变形,膜力占主导地位,不考虑顶板与加劲肋之间的剪力及弯矩的传递,只考虑两者之间有相互作用的竖向力;

③ 假设钢箱梁顶板在爆炸冲击载荷作用下的整体变形模式与其在静载极限状态下的整体变形模式一致;

④ 近距离爆炸时,爆炸能量大部分被钢箱梁顶板离爆炸中心最近的区隔板所吸收,可近似把破坏中心区格板看作一个四边固支的矩形板,按矩形板分析理论[67]对钢箱梁区格板的破坏进行分析研究。

本试验中,钢箱梁顶板可以看作是由加劲肋和横隔板把箱梁顶板分成了若干个小的区格,每个区格近似为一个矩形板,爆炸冲击波载荷可近似认为均匀作用在每个区格的上面,荷载值假定为均布荷载 $q(t)$。对爆炸中心距离最近的区隔内的板的变形及破损研究,主要基于考虑塑性大变形的矩形板的分析理论,参考文献 [67] 的分析方法,运用运动解析分析和能量法理论对区格中心点的最大挠度值进行求解,并与试验结果和数值模拟结果(见第 6 章)进行了对比。同时通过计算临界炸药量 Q^* 值,对钢箱梁顶板破口情况进行了分析和预测,预测结果与试验结果较为吻合。

5.2 钢箱梁顶板区格破坏状态响应分析

5.2.1 变形模式

参照文献 [67],假定在均布荷载 $q(t)$ 作用下,钢箱梁顶板区格板静力极限平衡状态下的变形模式可能出现如图 5.1 所示的两种变形模式,其中虚线为假想塑性铰线位置。塑性铰线[137]为板在极限状态下由一系列极限弯矩形成的窄条状塑性带。为了解析计算方便，假设塑性铰线为直线，沿塑性铰线单位长度上的弯矩为常数 m_0，即此处的极限弯矩值；整块区格板将变成若干个刚性板块和若干条塑性铰线组成的破坏机构，忽略各刚性板块的塑性变形和塑性铰线上的剪切变形及扭转变形，仅考虑塑性铰线上的弯曲转动变形。

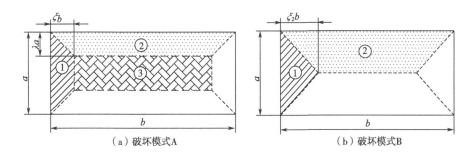

(a) 破坏模式A   (b) 破坏模式B

图 5.1　钢箱梁区格板变形模式

①~③—不同刚性板块；λ、ξ_1—确定塑性铰线位置的参数；γ—板的长宽比；

a—区格板的宽度；b—区格板的长度

5.2.1.1　A 变形模式静力平衡条件

如图 5.2 所示，根据静力极限平衡条件，板块①的力矩平衡方程：

$$\int_0^{\xi_1 b} q(t) x \, \mathrm{d}s = 2m_0 a \tag{5.1}$$

$$\mathrm{d}s = \left(\alpha - 2\frac{x}{\tan\theta}\right)\mathrm{d}x \quad \tan\theta = \frac{\xi_1 b}{\lambda\alpha} \tag{5.2}$$

$$m_0 = \sigma_s \frac{\delta^2}{4}$$

式中　$\displaystyle\int_0^{\xi_1 b} q(t) x \, \mathrm{d}s$ ——梯形板块①所受的冲击荷载 $q(t)$ 对固支边界的

力矩；

$2m_0 a$ ——塑性铰线上（包括固支边塑性铰线）单位长度极

限弯矩 m_0 沿 y 轴投影的总和；

δ ——板厚。

代入式（5.1），化简得到板块①的静力平衡方程：

$$q(t)(3-4\lambda)b^2 \xi_1^2 = 12m_0 \tag{5.3}$$

同理可得板块②的静力平衡方程：

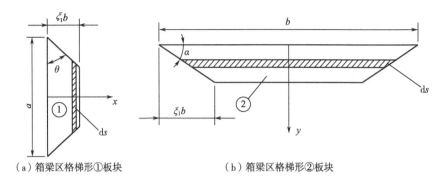

（a）箱梁区格梯形①板块　　　　　　　　（b）箱梁区格梯形②板块

图 5.2　钢箱梁区格板块 A 变形模式分解图

ds—微元面积（图中阴影带条面积）；θ—板块①的夹角

$$\int_0^{\lambda a} q(t) y \, ds = 2m_0 b \tag{5.4}$$

其中，

$$ds = \left(b - 2\frac{\xi_1 by}{\lambda a} \right) dy \tag{5.5}$$

代入公式，可得

$$q(t)\lambda^2 a^2 (3 - 4\xi_1) = 12m_0 \tag{5.6}$$

由式（5.3）和式（5.6）得到静力平衡方程组：

$$\begin{cases} q(t)(3 - 4\lambda)b^2 \xi_1^2 = 12m_0 \\ q(t)\lambda^2 a^2 (3 - 4\xi_1) = 12m_0 \end{cases} \tag{5.7}$$

令长宽比 $\gamma = \dfrac{b}{a}$，对方程组（5.7）求解，得到

$$\xi_1 = \frac{-2\lambda^2 + \lambda \sqrt{4\lambda^2 + 3(3 - 4\lambda)\gamma^2}}{(3 - 4\lambda)\gamma^2} \tag{5.8}$$

$$q_A^*(t) = \frac{12m_0}{b^2 \xi_1^2 (3 - 4\lambda)} = \frac{4m_0}{b^2} \left\{ \frac{1}{\lambda^2}\gamma^2 + \frac{4}{3(3 - 4\lambda)} \left[2 + \frac{1}{\lambda} \sqrt{4\lambda^2 + 3(3 - 4\lambda)\gamma^2} \right] \right\} \tag{5.9}$$

由此得到静力极限状态下临界荷载 $q_A^*(t)$ 与极限弯矩 m_0 及板带长宽比及 λ 的关系。由式（5.8）可以看出，长宽比 γ 是影响钢箱梁区格板带的塑性铰线位置的唯一因素。

5.2.1.2　B 变形模式静力平衡条件

如图 5.3 所示，此时 $\lambda = \dfrac{1}{2}$，刚性板块①为三角形。根据静力极限平

衡条件，板块①的力矩平衡方程：

$$\int_0^{\xi_2 b} q(t)x \, \mathrm{d}s = 2m_0 a \tag{5.10}$$

其中，
$$\mathrm{d}s = 2\frac{\xi_2 b - x}{\tan\theta}\mathrm{d}x \quad \tan\theta = \frac{\xi_2 b}{a/2} \tag{5.11}$$

$$m_0 = \sigma_s \frac{\delta^2}{4}$$

式中 $\displaystyle\int_0^{\xi_2 b} q(t)x\,\mathrm{d}s$ ——三角形板块①所受的冲击荷载 $q(t)$ 对固支边界的

力矩；

$2m_0 a$ ——塑性铰线上（包括固支边塑性铰线）单位长度极

限弯矩 m_0 沿 y 轴投影的总和；

δ ——板厚。

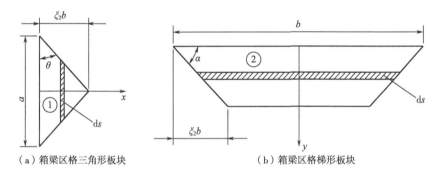

（a）箱梁区格三角形板块　　　　　（b）箱梁区格梯形板块

图 5.3　钢箱梁区格板块 B 变形模式分解图

代入式（5.10），化简得到板块①的静力平衡方程：

$$q(t)b^2 \xi_2^2 = 12m_0 \tag{5.12}$$

同理可得板块②的静力平衡方程：

$$\int_0^{\alpha/2} q(t)y \, \mathrm{d}s = 2m_0 b \tag{5.13}$$

其中，

$$\mathrm{d}s = \left[2\frac{\alpha/2 - y}{\tan\alpha} + b - 2\xi_2 b\right]\mathrm{d}x \ , \ \tan\alpha = \frac{\alpha/2}{\xi_2 b} \tag{5.14}$$

代入式（5.13），可得

$$q(t)a^2(3 - 4\xi_2) = 48m_0 \tag{5.15}$$

由式（5.10）和式（5.15）得到静力平衡方程组：

$$\begin{cases} q(t)b^2 \xi_2^2 = 12m_0 \\ q(t)\alpha^2(3-4\xi_2) = 48m_0 \end{cases} \quad (5.16)$$

令长宽比 $\gamma = \dfrac{b}{\alpha}$，对方程组（5.16）求解，得到

$$\xi_2 = \frac{-1+\sqrt{1+3\gamma^2}}{2\gamma^2} \quad (5.17)$$

$$\begin{aligned} q_B^*(t) &= \frac{16m_0}{b^2}\left[\gamma^2 + \frac{2}{3}\left(1+\sqrt{1+3\gamma^2}\right)\right] \\ &= \frac{4\sigma_s\delta^2}{b^2}\left[\gamma^2 + \frac{2}{3}\left(1+\sqrt{1+3\gamma^2}\right)\right] \end{aligned} \quad (5.18)$$

由此得到静力极限状态下临界荷载 $q_B^*(t)$ 与极限弯矩 m_0 及板带长宽比的关系。

对于随时间递减爆炸冲击荷载，一般简化为三角形载荷，初始载荷为载荷的峰值。所以当载荷的峰值 $q(0) \geqslant q^*(0)$，板开始塑性变形；假定当 $q(0) > \chi q^*(0)$ 时，板变形模式为 A 型；当 $q^*(0) < q(0) \leqslant \chi q^*(0)$ 时，板出现变形模式 B 型。系数 χ 为判别初始变形模式的临界载荷系数。

5.2.2　运动方程建立

冲击载荷作用下，对于图 5.1（a）所示 A 型变形模式，可通过找出钢箱梁顶板各个刚性板块的运动方程及变形协调方程，联立求解出区格板的整体响应过程，变形示意如图 5.4 所示。

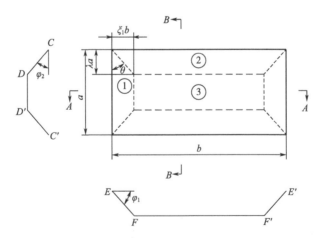

图 5.4　钢箱梁区格板块 A 变形模式示意

（1）分析刚性板块①的受力情况

刚性板块①的力矩平衡方程：

$$\int_0^{\xi_1 b} m\ddot{\varphi}_1 x^2 \mathrm{d}s - \int_0^{\xi_1 b} q(t)x \mathrm{d}s + 2\int_0^{\xi_1 b} N_0\cos\theta\varphi_1 x\frac{\mathrm{d}x}{\sin\theta} +$$

$$N_0(\alpha - 2\lambda\alpha)\varphi_1\xi_1 b = -2m_0\alpha \tag{5.19}$$

式中　$\int_0^{\xi_1 b} m\ddot{\varphi}_1 x^2 \mathrm{d}s$ ——梯形板块①的惯性力对固支边界的力矩；

m ——板的单位面积质量；

N_0 ——单位长度中面膜力；

$2\int_0^{\xi_1 b} N_0\cos\theta\varphi_1 x\dfrac{\mathrm{d}x}{\sin\theta}$ ——梯形板块①两条斜塑性铰线处的中面膜力对

固支边的力矩之和；

$N_0(\alpha - 2\lambda\alpha)\varphi_1\xi_1 b$ ——梯形板块竖向短边塑性铰线处的中面膜力对

固支边的力矩之和；

$2m_0\alpha$ ——梯形板块固支边的极限弯矩总和；

φ_1 ——刚性板块①绕固支短边 α 的转角。

$$\mathrm{d}s = \left(\alpha - 2\frac{\lambda\alpha x}{\xi_1 b}\right)\mathrm{d}x \tag{5.20}$$

代入式（5.19），得到

$$m\ddot{\varphi}_1\xi_1^3 b^3(2-3\lambda) - q(t)b^2\xi_1^2(3-4\lambda) + 6N_0\varphi_1 b\xi_1(1-\lambda) = -12m_0 \tag{5.21}$$

（2）分析图 5.4 中刚性板块②的受力情况，并列出力矩平衡方程

$$\int_0^{\lambda\alpha} m\ddot{\varphi}_2 y^2 \mathrm{d}s - \int_0^{\lambda\alpha} q(t)y \mathrm{d}s + 2\int_0^{\lambda\alpha} N_0\sin\theta\varphi_2 y\frac{\mathrm{d}y}{\cos\theta} +$$

$$N_0(b - 2\xi_1 b)\varphi_2\lambda\alpha = -2m_0 b \tag{5.22}$$

式中　φ_2 ——刚性板块②绕固支长边 b 的转角。

$$\mathrm{d}s = \left(b - 2\frac{\xi_1 by}{\lambda\alpha}\right)\mathrm{d}y \tag{5.23}$$

代入式（5.22）化简可得

$$m\ddot{\varphi}_2\alpha^3\lambda^3(2-3\xi_1) - q(t)\alpha^2\lambda^2(3-4\xi_1) + 6N_0\varphi_2\lambda\alpha(1-\xi_1) = -12m_0 \tag{5.24}$$

（3）由动量定理可以推出刚性板块③的平衡方程，公式如下：

$$mS\xi_1 b\left(\frac{\varphi_1'}{\mathrm{d}t} - \frac{\varphi_1}{\mathrm{d}t}\right) = \int_t^{t+\Delta t} q(t)S \mathrm{d}t = q(t)S\Delta t \tag{5.25}$$

式中　　φ_1'——$t + \Delta t$ 刚性板块绕固支短边的转角；

　　　　S——刚性板块③的面积。

当 $\Delta t \to 0$ 时，式（5.25）可以化简为

$$mb\,\frac{\mathrm{d}(\xi_1\dot{\varphi}_1)}{\mathrm{d}t} = q(t) \tag{5.26}$$

同时，由 $m\,\dfrac{\mathrm{d}w}{\mathrm{d}t} = I(t)$，对两边进行积分得到：

$$w = \frac{1}{m}\int_0^t I(t)\,\mathrm{d}t$$

式中　$I(t)$——荷载的冲量（此处为爆炸冲击荷载），$I(t) = \displaystyle\int_0^t q(t)\,\mathrm{d}t$；

　　　　W——区格板中心挠度，$w = \xi_1 b\varphi_1 = \lambda\alpha\varphi_2$。

对于爆炸冲击荷载，由于其明显的衰减特性，可将载荷简化为线性递减三角形荷载，具体表达为

$$q(t) = \begin{cases} q_m\left(1 - \dfrac{t}{T}\right) & 0 \leqslant t \leqslant T \\[2mm] 0 & t > T \end{cases} \tag{5.27}$$

式中　　q_m——爆炸荷载初始峰值；

　　　　T——爆炸荷载作用时间。

将爆炸荷载 $q(t)$ 的表达式代入 $w = \dfrac{1}{m}\displaystyle\int_0^t I(t)\,\mathrm{d}t$ 中，可得钢箱梁顶板区格板块③位移公式：

$$w = \begin{cases} \dfrac{q_m\left(3t^2 - \dfrac{t^3}{T}\right)}{6m} & 0 \leqslant t \leqslant T \\[4mm] \dfrac{q_m T(3t - T)}{6m} & T < t < t' \end{cases} \tag{5.28}$$

由式（5.28）可以看出，当 $0 \leqslant t \leqslant T$ 时，箱梁顶板区格做加速运动；当 $T < t < t'$ 时，荷载 $q(t)$ 值为 0，但由于惯性作用，平台经做减速运动直至停止（具体推导见下一节公式推导）。矩形光板的中心点处的位移当 $t = t'$ 时，有 $\xi_1 = 1/2$。

（4）由板块①、②之间塑性铰线处的速度连续性条件可得：

$$\xi_1 b\dot{\varphi}_1 = \lambda\alpha\dot{\varphi}_2 \tag{5.29}$$

由公式可得矩形光板的运动方程为

$$\begin{cases} m\ddot{\varphi}_1\xi_1^3b^3(2-3\lambda)-q(t)b^2\xi_1^2(3-4\lambda) \\ +6N_0\varphi_1b\xi_1(1-\lambda)=-12m_0 \end{cases} \quad (5.30a)$$

$$m\ddot{\varphi}_2\alpha^3\lambda^3(2-3\xi_1)-q(t)\alpha^2\lambda^2(3-4\xi_1)+6N_0\varphi_2\lambda\alpha \quad (5.30b)$$

$$(1-\xi_1)=-12m_0 \quad (5.30c)$$

$$mb\frac{\mathrm{d}(\xi\dot{\varphi}_1)}{\mathrm{d}t}=q(t) \quad (5.30d)$$

$$\xi b\dot{\varphi}_1=\lambda\alpha\dot{\varphi}_2$$

此方程组未知参数共有 λ、ξ_1、φ_1、φ_2 四个，其中 λ 和 ξ_1 是关于确定塑性铰线位置的参数，与板的长宽比 γ、板厚 h 和爆炸冲击载荷 $q(t)$ 有关。当爆炸载荷 $q(t)$ 的初始峰值超过刚箱梁顶板的屈服极限时，$q(t)$ 值越大，箱梁顶板区格形成的塑性平台区的面积越大，λ 和 ξ_1 就越小；当 $q(t)$ 达到一定值时，区格板中央的塑性平台区会由于拉应力超过钢板的拉伸极限发生失效，先于其他地方发生破裂；当 $q(t)$ 载荷作用时间很短，其数值特别大时，也会在区格板固支边处发生先于其他地方的剪切失效破坏模式。这也进一步解释了钢箱梁在受到短暂而较大的爆炸荷载时，大多数工况沿着加劲肋发生撕裂破坏。对于图 5.1（b）所示的破坏模式，由于其是破坏模式 A 的特例，此处不再累述。

5.2.3　塑性变形响应求解过程

将 $mb\dfrac{\mathrm{d}(\xi_1\dot{\varphi}_1)}{\mathrm{d}t}=q(t)$ 代入爆炸冲击荷载的冲量方程 $I(t)=\displaystyle\int_0^t q(t)\mathrm{d}t$，

得到：

$$I(t)=mb\xi_1\dot{\varphi}_1 \quad (5.31)$$

对 $mb\dfrac{\mathrm{d}(\xi_1\dot{\varphi}_1)}{\mathrm{d}t}=q(t)$ 求解偏微分方程，得到：

$$q(t)=mb\dot{\xi}_1\dot{\varphi}_1+mb\xi_1\ddot{\varphi}_1 \quad (5.32)$$

联立式（5.31）和式（5.32），

$$mb\xi_1\ddot{\varphi}_1=q(t)-\frac{I(t)}{\xi_1}\dot{\xi}_1 \quad (5.33)$$

将式（5.33）代入式（5.30a），可得：

$$\left[q(t)-\frac{I(t)}{\xi_1}\dot{\xi}_1\right]\xi_1^2b^2(2-3\lambda)-q(t)b^2\xi_1^2(3-4\lambda)+$$

$$6N_0\varphi_1b\xi_1(1-\lambda)=-12m_0 \quad (5.34)$$

化简，

$$I(t)\dot{\xi}_1\xi_1 b^2(2-3\lambda) + q(t)b^2\xi_1^2(1-\lambda) = 6N_0\varphi_1 b\xi_1(1-\lambda) + 12m_0 \tag{5.35}$$

同理，代入式（5.30b）并化简得

$$I(t)\dot{\lambda}\lambda b^2(2-3\xi_1) + q(t)a^2\lambda^2(1-\xi_1) = 6N_0\varphi_2\lambda a(1-\xi) + 12m_0 \tag{5.36}$$

当 $t=0$ 时，$\varphi_1=0$，$\varphi_2=0$，$\dot{\xi}_1=0$，$\dot{\lambda}=0$，$q(0)=q_m$，代入式（5.35）、式（5.36），得到塑性响应的初始方程：

$$\begin{cases} q_m b^2\xi_{10}^2(1-\lambda_0) = 12m_0 \\ q_m a^2\lambda_0^2(1-\xi_{10}) = 12m_0 \end{cases} \tag{5.37}$$

由式（5.7）可知，变形模式 A 下矩形板的静力极限平衡方程为

$$\begin{cases} q^*(t)(3-4\lambda)b^2\xi_1^2 = 12m_0 \\ q^*(t)\lambda^2 a^2(3-4\xi_1) = 12m_0 \end{cases} \tag{5.38}$$

令 $q_m = \chi q^*$，代入式（5.38），并联立式（5.37）有

$$\begin{cases} \chi\xi_{10}^2(1-\lambda_0) = (3-4\lambda)\xi_1^2 \\ \chi\lambda_0^2(1-\xi_{10}) = \lambda^2(3-4\xi_1) \end{cases} \tag{5.39}$$

将 $\chi=\chi_0$ 作为变形模式 A → 变形模式 B 的临界状态时对应的荷载系数，此时 $\lambda_0=\lambda=\dfrac{1}{2}$ 代入式（5.39）。可得：

$$\begin{cases} \dfrac{1}{2}\chi_0\xi_{10}^2 = \xi_1^2 \\ \chi_0(1-\xi_{10}) = 3-4\xi_1 \end{cases} \tag{5.40}$$

可解得

$$\chi_0 = \frac{2\xi_1^2(3-4\xi_1)^2}{\left(\sqrt{\xi_1^4-8\xi_1^3+6\xi_1^2} - \xi_1^2\right)^2} \tag{5.41}$$

又因为 $\xi_1 = \dfrac{-2\lambda^2 + \lambda\sqrt{4\lambda^2 + 3(3-4\lambda)\gamma^2}}{(3-4\lambda)\gamma^2}$，将 $\lambda=\lambda_0=\dfrac{1}{2}$ 代入，所以矩形板的临界荷载系数 χ_0 只与板带的边长比 λ 有关。χ_0 关于 λ 的函数关系曲线如图 5.5 所示。

从图 5.5 可以看出，临界系数 χ_0 随 λ 的增大而增大，并无限接近 3。板带的长宽比不同，对应不同的临界载荷系数 χ_0；当 $q_m > \chi_0 q^*$ 时，区格板出现中央塑性平台区域。

可以把钢箱梁区格扳的塑性变形响应过程按四个阶段分析。

（1）第一阶段：爆炸冲击波荷载作用阶段（$0 < t < T$）

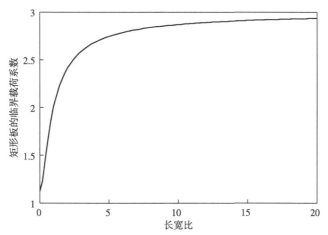

图 5.5 临界载荷系数 χ_0 与长宽比 λ 关系曲线

箱梁区格板塑性平台区做加速运动，将 $q(t)=q_m\left(1-\dfrac{t}{T}\right)$，$I(t)=q_m\left(t-\dfrac{t^2}{T}\right)$ 代入式（5.30a）和式（5.30b）后可得到这个阶段的运动微分方程组：

$$\begin{cases}\dot{\xi}_1=\dfrac{6N_0\varphi_1 b\xi_1(1-\lambda)+12m_0-q_m\left(1-\dfrac{t}{T}\right)b^2\xi_1^2(1-\lambda)}{q_m t\left(1-\dfrac{t}{2T}\right)\xi_1 b^2(2-3\lambda)}\\[4mm]\dot{\lambda}=\dfrac{6N_0\varphi_2 a\lambda(1-\xi)+12m_0-q_m\left(1-\dfrac{t}{T}\right)a^2\lambda^2(1-\xi)}{q_m t\left(1-\dfrac{t}{2T}\right)\lambda a^2(2-3\xi)}\end{cases} \tag{5.42}$$

与式（5.37）联立，可求得 ξ 和 λ 关于塑性绞线的位置方程。由

$$w=\xi_1 b\varphi_1=\int_0^t \xi_1 b\,\frac{\mathrm{d}\varphi_1}{\mathrm{d}t}\mathrm{d}t=\int_0^t \xi_1 b\dot{\varphi}_1\mathrm{d}t \tag{5.43}$$

可得

$$\begin{cases}\dot{\varphi}_1=\dfrac{\dot{w}}{b\xi_1}\\[4mm]\dot{\varphi}_2=\dfrac{\dot{w}}{a\lambda}\end{cases} \tag{5.44}$$

其中，式（5.28）中 $w=\dfrac{q_m\left(3t^2-\dfrac{t^3}{T}\right)}{6m}$，代入式（5.44），可以得到

转角方程。

（2）第二阶段：从载荷作用结束时间 T 至箱梁区格板中心塑性平台区消失时 t_1 的时刻（$T < t < t_1$）

在此时间段内，爆炸冲击载荷的动量为一定值 $I(t) = q_m \dfrac{T}{2}$，区格板在惯性作用下继续运动。当 $t = t_1$，有 $\lambda = 1/2$，此时中央塑性平台区消失，演变为一条直线，矩形板的变形由模式 A 转为变形模式 B。冲击载荷数值 $q(t) = 0$，将 $q(t)$、$I(t)$ 的表达式代入板块运动式（5.30a）、式（5.30b），得到第二阶段的运动微分方程：

$$
\begin{cases}
\dot{\xi}_1 = \dfrac{6N_0\varphi_1 b\xi_1(1-\lambda) + 12m_0}{q_m \dfrac{T}{2}\xi_1 b^2(2-3\lambda)} \\[4mm]
\dot{\lambda} = \dfrac{6N_0\varphi_2 \alpha\lambda(1-\xi) + 12m_0}{q_m \dfrac{T}{2}\lambda\alpha^2(2-3\lambda)}
\end{cases}
\tag{5.45}
$$

区格板中心塑性平台位移为：

$$
w = \frac{1}{m}\int_0^T I(t)\,\mathrm{d}t + \frac{1}{m}\int_T^t I(t)\,\mathrm{d}t = \frac{1}{m}\int_0^T q_m\left(t - \frac{t^2}{2T}\right)\mathrm{d}t + \frac{1}{m}\int_T^t q_m\frac{T}{2}\mathrm{d}t
$$

$$
= \frac{q_m T(3t-T)}{6m}
\tag{5.46}
$$

代入式（5.30），可得到第二阶段对应的转角角速度。

（3）第三阶段：为从变形模式 B 出现时对应的时间 t_1 到铰线的移行速度 $\dot{\xi} = 0$ 时对应的 t_2 时刻（$t_1 < t < t_2$）

当 $t = t_1$ 时，$\lambda = 1/2$；当 $t = t_2$ 时，$\lambda = 1/2, \dot{\xi} = 0, q(t) = 0$，代入式（5.30）可得：

$$
\begin{cases}
m\ddot{\varphi}_1 \xi^3 b^3 + 6N_0\varphi_1 b\xi_1 = -24m_0 \\
m\ddot{\varphi}_2 \alpha^3(2-3\xi_1) + 24N_0\varphi_2\alpha(1-\xi_1) = -96m_0 \\
\xi b\dot{\varphi}_1 = \dfrac{1}{2}\alpha\dot{\varphi}_2
\end{cases}
\tag{5.47}
$$

求解得到第三阶段的运动微分方程为：

$$
\begin{cases}
\ddot{\varphi}_1 = \dfrac{-6N_0\varphi_1 b\xi_1 - 24m_0}{mb^3 \xi^3} \\[3mm]
\dot{\xi} = \dfrac{-12N_0\varphi_2\alpha(1-\xi) - 48m_0}{ma^2 b(2-3\xi)\dot{\varphi}_1} - \dfrac{-6N_0\varphi_1 b\xi - 24m_0}{mb^3 \xi^2 \dot{\varphi}_1} \\[3mm]
\dot{w} = \xi b\dot{\varphi}_1
\end{cases}
\tag{5.48}
$$

$\dot{\varphi}_1$、w 的初值可由第二阶段末状态得到，然后联立式（5.48），可获得 $\dot{\varphi}_1$、w 的值。这一阶段板的位移表达式为：$w = w_{t1} + \int_{t_1}^{t_2} \xi b \dot{\varphi}_1 \mathrm{d}t$。板块①的转角角速度可由 $\varphi_1(t)$ 对时间求导。

（4）第四阶段：从 t_2 时刻（从区格板中心铰线的移行速度 $\dot{\xi} = 0$）至区格板运动停止 t_3（$t_2 < t < t_3$）

有 $\dot{\xi} = 0, \xi = \xi_s, \xi_s$ 为铰线位置最终对应值；代入式（5.30）可得到第四阶段的运动微分方程组：

$$\begin{cases} \ddot{\varphi}_1 = \dfrac{-6N_0 \varphi_1 b \xi_s - 24m_0}{mb^3 \xi_s^3} \\ \dot{w} = \xi_s b \dot{\varphi}_1 \end{cases} \tag{5.49}$$

$\dot{\varphi}_1$、w 的初值可由式（5.45）和式（5.46）得到，然后联立式（5.49），即可求得 $\dot{\varphi}_1$、w 的值。此时位移表达式为：$w = w_{t2} + \int_{t_2}^{t_3} \xi_s b \dot{\varphi}_1 \mathrm{d}t$。由 $\xi b \dot{\varphi}_1 = a \dot{\varphi}_2 / 2$ 可求得板块②的转角角速度。

由以上对钢箱梁区格板各个阶段塑性响应的分析过程，可以归纳为：

① 第一阶段，区格板中部的中央塑性平台区在爆炸荷载的作用下作加速运动，矩形板为变形模式 A 的变形状态；

② 第二阶段，此阶段，爆炸荷载为 0，但由于有荷载冲量存在，板中部的中央塑性平台区继续运动，矩形板的变形状态仍然为变形模式 A，以出现破坏模式 B 为阶段结束标志；

③ 第三阶段，塑性铰线位置还在变化，矩形板的变形状态为变形模式 B；

④ 第四阶段，所有塑性铰线运动停止。

5.2.4 试验工况解析计算结果

表 5.1 中密度 $\rho = 7850 \mathrm{kg/m^3}$，弹性模量 $E = 2.1 \times 10^{11} \mathrm{Pa}$，泊松比 $\mu = 0.3$，P_m 为爆炸中心区格板位置处的超压峰值，由数值模拟结果得到（详见第 6 章）。边界条件考虑到区格板位于加筋肋和横隔板之间，四周刚度远大于板的刚度，简化为固支板的极限弯矩 $m_0 = \sigma_s \dfrac{h^2}{4}$，板的极限膜力 $N_0 = \sigma_s h$。

表 5.1 钢箱梁顶板区格中心点最大挠度值解析计算结果（解析法）

工况	a	b	δ	$m/$ $(kg/$ $m^2)$	$\sigma_s/$ MPa	箱梁顶板炸药垂直点的超压 $P_m/$ kPa	$T/$ $10^{-3}s$	γ	ξ	$m_0/$ $(10^6N$ $/m)$	$N_0/$ $(10^6N$ $/m^2)$	挠度解析值 f_{jx}/m	挠度实测值 $f_{sc}/$ m
GL-3	0.048	0.15	0.003	23.55	267	2777	0.168	3.125	0.23	0.0006	0.8	0.002	0.012
GL-4	0.048	0.25	0.003	23.55	267	2664	0.258	5.208	0.15	0.0006	0.8	0.005	0.016
GL-5	0.048	0.15	0.003	23.55	267	2559	0.281	3.125	0.23	0.0006	0.8	0.006	0.012
GL-6	0.048	0.25	0.003	23.55	267	2266	0.315	5.208	0.15	0.0006	0.8	0.006	0.050
GL-7	0.032	0.15	0.0015	11.78	400	2437	0.351	4.688	0.16	0.0002	0.6	0.017	0.030
GL-9	0.060	0.15	0.0015	11.78	400	2123	0.000275	2.500	0.28	0.0002	0.6	0.009	0.025
GL-10	0.060	0.25	0.0015	11.78	400	1595	0.352	4.167	0.18	0.0002	0.6	0.011	0.025
GL-11	0.060	0.15	0.002	15.7	317	2247	0.136	2.500	0.28	0.0002	0.5	0.002	0.009
GL-12	0.060	0.25	0.002	15.7	317	1439	0.278	4.167	0.18	0.0003	0.6	0.005	0.009
GL-13	0.060	0.15	0.002	15.7	317	3413	0.389	2.500	0.28	0.0003	0.6	0.022	0.054

注：根据炸药相似准则由 ΔP_{MGL} 计算得到。

工况 GL-7 变形最大的区格板中心处最大位移时程曲线的解析解曲线与数值模拟曲线对比如图 5.6 所示，解析解计算过程中假定每个板块为刚

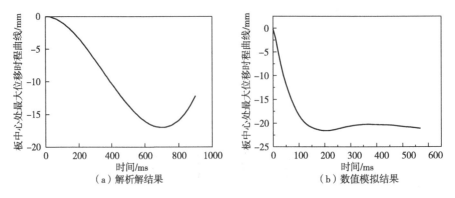

（a）解析解结果　　　　　（b）数值模拟结果

图 5.6 工况 GL-7 板中心处最大位移时程曲线解析解与数值模拟对比

性，忽略各板块的塑性变形和塑性铰线上的剪切变形及扭转变形，仅考虑塑性铰线上的弯曲转动变形，因此，区格板中心处最大位移的解析解小于数值模拟解（也小于试验实测值，如表 5.1 所列），与数值模拟解误差为 19%。且位移达到最大值后，解析解时程曲线有回弹的趋势，数值模拟时程曲线则较平缓。

5.3 钢箱梁顶板区格破坏状态能量法分析

钢箱梁顶板属于各向异性加筋板，其在爆炸荷载下的塑性响应问题十分复杂。对于钢箱梁，如果将爆炸后结构出现的最大变形及是否出现破损作为研究的主要目的，则可以利用能量法对这一问题进行求解。只需知道初始时刻作用在钢箱梁顶板上的爆炸荷载的动能和最终状态下板的大致变形状态，根据边界条件写出板的挠曲面方程，得到板变形做的塑性功，然后运用能量守恒定理，由板受到的冲击载荷的动能等于板变形做的塑性功，从而得到可以描述加筋板的最终变形状态的挠曲面方程。

从试验结果可以看出，变形主要集中在离炸药最近的区格，因此可以忽略相邻区格的变形，认为爆炸冲击波引起的破坏全部集中到这个区格范围。单独拿出这个区格进行分析，每个区格的边界可以近似看作是四边支。该区格的短边为加劲肋的间距，设为 a，区格的长边为横隔板的间距，设为 b，顶板厚度为 δ，材料的静力屈服极限应力为 σ_s，假定边界条件为四边刚性固定，板承受面荷载，等效为均布载荷 $q(t)$，尺寸如图 5.7 所示。

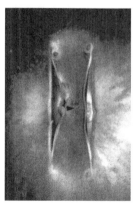 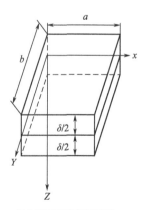

（a）钢箱梁顶板典型破坏图　　　（b）顶板区格简化示意

图 5.7　顶板区格尺寸坐标图

根据试验的具体工况破坏情况，考虑大变形和中面膜力的影响，并改变顶板区格的变形状态模型，把所有工况分为两种情况来进行分析。

5.3.1 桥面板产生局部塑性大变形

桥面板产生局部塑性大变形这种情况发生于冲量荷载小于临界荷载，如表 5.2 所列，工况 GL-3、GL-5、GL-11、GL-12 所示破坏状态，钢箱梁桥面板只发生凹洞塑性变形，没有撕裂或只有局部的轻微开裂。

表 5.2 典型工况结构参数与破坏状态

工况	破坏状态	破坏程度
GL-3	凹洞，最大下凹 12mm（塑性大变形）	I
GL-5	凹洞，最大下凹 12mm（塑性大变形）	I
GL-11	凹洞，最大下凹 9mm（塑性大变形）	I
GL-12	凹洞，最大下凹 9mm（塑性大变形）	I
GL-9	沿加劲肋两侧轻微撕裂，中间下凹 22mm（开裂极限状态）	极限状态
GL-10	沿加劲肋两侧撕裂，中间下凹 25mm	II
GL-7	沿加劲肋开裂，板顶下凹 30mm 加劲肋屈曲严重	II
GL-8	沿加劲肋撕裂裂，板顶局部断裂，加劲肋屈曲下凹 46mm，	II
GL-6	两端沿加劲肋撕裂，中间下凹 50mm	II
GL-13	严重破口，破口范围超越区格范围，破口为花瓣形，下凹 50mm	II

对于钢箱梁，如果将爆炸后结构出现的最大变形及是否出现破损作为研究的主要目的，则可以利用能量法对这一问题进行求解。冲击波对钢箱梁的破坏作用是与超压的正压作用时间 t_+ 密切相关的。因为 t_+ 远小于钢箱梁本身的振动周期 T，即 $t_+ << T$，因此冲击波对钢箱梁结构的破坏作用取决于冲击波的比冲量 i 大小，荷载可以视为瞬时冲量。冲击波的动能[138]可表示为

$$K = \int_0^a \int_0^b \left(\frac{1}{2} \overline{m} \, \overline{v}^2 \right) \mathrm{d}x \, \mathrm{d}y \qquad (5.50)$$

式中　$\overline{m}$ ——单位面积质量，$\overline{m} = \rho\delta$；

　　　ρ ——密度；

　　　δ ——板厚；

　　　$\overline{v}$ ——冲量给面积单元的初始速度，$\overline{v} = \dfrac{i}{m}$；

i ——单位面积上的冲量，$i=2i_+$，$i_+=\dfrac{A\sqrt[3]{Q^2}}{r}$ [139]。

将 $i_+=\dfrac{A\sqrt[3]{Q^2}}{r}$ 代入式（5.50）可以得到

$$K=\frac{2\alpha bA^2}{\rho\delta}Q^{4/3}r^{-2} \tag{5.51}$$

式中　A ——待定系数；

　　　Q ——炸药量；

　　　r ——炸药中心距顶板的距离。

此时钢箱梁顶板的变形模式可以参照文献[139，140]中的薄板的塑性大变形理论进行分析，区格板的变形能 U_{p} 包括弯曲变形的势能 U_1 和相应于中面应变的势能 U_2，不考虑支座（即加劲肋）的变形。

$$U_{\mathrm{p}}=U_1+U_2 \tag{5.52}$$

U_1 按弯曲变形关系处理，单位体积的弯曲变形势能可以表示为

$$\mathrm{d}U_1=\sigma_{xx}\,\mathrm{d}\varepsilon_{xx}+\tau_{xy}\,\mathrm{d}\gamma_{xy}+\tau_{yx}\,\mathrm{d}\gamma_{yx}+\sigma_{yy}\,\mathrm{d}\varepsilon_{yy} \tag{5.53}$$

其中应变分量满足下列关系式：

$$\varepsilon_{xx}=-z\frac{\partial^2\omega}{\partial x^2},\ \varepsilon_{yy}=-z\frac{\partial^2\omega}{\partial y^2},\ \gamma_{xy}=\gamma_{yx}=-2z\frac{\partial^2\omega}{\partial x\,\partial y} \tag{5.54}$$

式中　ω ——所取单元的位移分量，是区格板的关于 x 和 y 的挠度函数。

材料屈服时，按照刚塑性材料特性和 von Mises 屈服准则有 $\sigma_{xx}=\sigma_{yy}=\sigma_{\mathrm{s}}$，$\tau_{xy}=\tau_{yx}=\dfrac{\sigma_{\mathrm{s}}}{\sqrt{3}}$，$\sigma_{\mathrm{s}}$ 为对应的屈服极限，将式（5.54）及上述关系代入式（5.53），可得

$$U_1=\int_0^a\int_0^b\int_{-\delta/2}^{\delta/2}\sigma_{\mathrm{s}}\left[\left(-z\frac{\partial^2\omega}{\partial x^2}-z\frac{\partial^2\omega}{\partial y^2}\right)+\frac{2}{\sqrt{3}}\left(-2z\frac{\partial^2\omega}{\partial x\,\partial y}\right)\right]\mathrm{d}x\,\mathrm{d}y\,\mathrm{d}z \tag{5.55}$$

中面应变的势能 U_2 可表示成

$$U_2=\int_0^a\int_0^b\left(N_x\varepsilon_{xx}+N_y\varepsilon_{yy}+2N_{xy}\gamma_{xy}\right)\mathrm{d}x\,\mathrm{d}y$$

$$N_x=\delta\sigma_{xx},\ N_y=\delta\sigma_{yy},\ N_{xy}=N_{yx}=\delta\tau_{xy} \tag{5.56}$$

式中　$N_xN_yN_{xy}$ ——中面膜力。

板的挠度函数 ω 可表示为

$$\omega=B\left(1+\cos\frac{\pi x}{\alpha}\right)\left(1+\cos\frac{\pi y}{b}\right) \tag{5.57}$$

式中 B 为待定系数，代入固定支座边界条件，假设 ω_0 为区格板中心处的最大挠度，可得 $\omega_0 = 4B$。将 $B = \dfrac{\omega_0}{4}$ 代入式（5.57），将式（5.57）代入式（5.55）和式（5.56），最后得到顶板区格的变形能 U_1 和 U_2 的表达式，

$$U_1 = \frac{\frac{\sqrt{3}}{2}\pi(\alpha^2 + b^2) + 4\alpha b}{2\sqrt{3}\,\alpha b}\delta^2 \sigma_s \omega_0 \tag{5.58}$$

$$U_2 = \frac{\frac{3\sqrt{3}}{4}\pi^2(\alpha^2 + b^2) + 64\alpha b}{8\sqrt{3}\,\alpha b}\delta\sigma_s \omega_0^2 \tag{5.59}$$

此时钢箱梁顶板总的变形能

$$U = U_p = U_1 + U_2 \tag{5.60}$$

根据能量定理，

$$U = K \tag{5.61}$$

将式（5.58）、式（5.59）和式（5.51）联立，代入实验得到的各工况的最大挠度值，求出 A 值的平均值，代入式（5.51），再将各工况数值代入联立公式，由此可以确定各工况区格的最大挠度值 ω_0，计算结果详见表 5.3 和图 5.8。将 ω_0 代入式（5.57）可以求出整个区格板的变形。可以看出，影响区格板塑性变形的主要因素有横隔板间距、加筋肋间距（区格尺寸 α、b）、材料的屈服强度 σ_s、厚度 δ 和炸药等质量、距离等因素。

表 5.3　钢箱梁区格扳挠度理论计算与实测值对比（能量法）

工况	α	b	δ	m /(kg/m²)	σ_s /MPa	U'_1	U'_2	K'	K	挠度计算值/m	挠度实测值/m
GL-3	0.048	0.15	0.003	23.55	267	9273.24	6250319	0.000838	1063	0.012	0.012
GL-4	0.048	0.25	0.003	23.55	267	12961.69	7698037	0.003461	4388	0.023	0.016
GL-5	0.048	0.15	0.003	23.55	267	9273.24	6250319	0.001492	1891	0.017	0.012
GL-6	0.048	0.25	0.003	23.55	267	12961.69	7698037	0.003461	4388	0.023	0.050
GL-7	0.032	0.15	0.0015	11.775	400	4501.67	5489296	0.004012	5087	0.030	0.030
GL-8	0.032	0.25	0.0015	11.775	400	6649.19	7175102	0.002886	3659	0.022	0.046

续表

工况	α	b	δ	$m/$ (kg/m²)	$\sigma_s/$ MPa	U'_1	U'_2	K'	K	挠度 计算值/m	挠度 实测值 /m
GL-9	0.060	0.15	0.0015	11.775	400	3088.08	4379629	0.003246	4116	0.030	0.022
GL-10	0.060	0.25	0.0015	11.775	400	4152.54	5215230	0.004058	5145	0.031	0.025
GL-11	0.060	0.15	0.002	15.7	317	4350.76	4627807	0.002435	3087	0.025	0.009
GL-12	0.060	0.25	0.002	15.7	317	5850.47	5510759	0.004058	5145	0.030	0.009
GL-13	0.060	0.15	0.002	15.7	317	4350.76	4627807	0.002261	2867	0.024	0.054

注：①此处未考虑顶板的开裂等情况。② $m = \rho\delta$ 为单位面积质量。

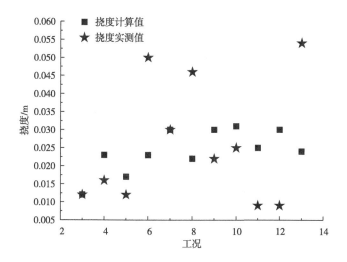

图 5.8　各工况挠度计算值与实测值比较

5.3.2　桥面板发生局部开裂破口

这种情况发生在冲量荷载大于于临界荷载的时候，如表 5.2 及图 2.5 （d）、（e）、（f）、（g）、（h）所示破坏状态。设离炸药最近的顶板上那一点上反射比冲量引起的初始最大速度为 $\nu_{\max}$ ，根据动量定理，

$$\nu_{\max} = \frac{i}{\rho\delta} \tag{5.62}$$

钢箱梁顶板距离炸药最近的单位质量获得的最大动能为 $\nu^2_{\max}/2$。则当顶板区格发生破损时，相应其单位质量的应变能[138]为

$$U_p = \frac{(\sigma'_b/\rho c_p)^2}{2} \tag{5.63}$$

式中　ρ——钢板的密度；

　　　c_p——钢板中的声速，取 5200m/s。

假定在爆炸荷载作用下，钢箱梁顶板的强度极限为 σ'_b（取 σ_b 的 4 倍[138,141]，按照文献资料及材料强度进行了修正），显然，钢箱梁顶板单位质量获得的动能 $\nu^2_{max}/2$ 与单位质量钢板破损需要的应变能 U_p 的比值越大，破损程度也越大。

钢箱梁顶板破坏时的能量准则可表示为

$$\frac{\nu^2_{max}}{2} \geqslant \frac{(\sigma'_b/\rho c_p)^2}{2} \tag{5.64}$$

把 $i = 2i_+$，$i_+ = \dfrac{A\sqrt[3]{Q^2}}{r}$ 代入式（5.62）和式（5.64），A 取 250[138,139]（按照文献资料及对炸药的修正，Q^* 即为钢箱梁顶板开裂临界状态的最小炸药量），可以得到

$$Q^* \geqslant 8.94 \times 10^{-5} \left(\frac{\sigma'_b}{c_p}\delta r\right)^{1.5} \tag{5.65}$$

各工况最小炸药量和实际炸药量比较情况见表 5.4。

表 5.4　各工况试验结果与计算结果比较

工况	GL-4	GL-5	GL-6	GL-7	GL-8	GL-9	GL-10	GL-11	GL-12	GL-13
区格尺寸 $\alpha \times b$ /mm	48×250	48×150	48×250	32×150	32×250	60×150	60×250	60×150	60×250	60×150
板厚 δ /mm	3	3	3	1.5	1.5	1.5	1.5	2.0	2.0	2.0
极限强度 σ_b /MPa	389	389	389	502	502	502	502	425	425	425
比例距离 R_1 / (m/kg$^{1/3}$)	0.252	0.202	0.19	0.202	0.212	0.256	0.256	0.256	0.256	0.21
炸药中心到顶板距离 r /mm	119	75.6	89.2	75.6	62.8	95.6	95.6	95.6	95.6	99.2
计算炸药量 Q^* /g	98	71	90.7	25	19	35	35	44	44	58

续表

工况	GL-4	GL-5	GL-6	GL-7	GL-8	GL-9	GL-10	GL-11	GL-12	GL-13
实际炸药量 Q/g	104	52	104	52	26	52	52	52	52	104
$\dfrac{Q-Q^*}{Q}$/%	6	−27	12.8	52	27	33	33	15	15	44
区格挠度计算值/mm	破损	17	破损	破损	破损	破损	破损	破损	破损	破损
区格挠度试验值/mm	凹洞，沿加劲肋局部撕裂，最大下凹16mm	凹洞，最大下凹12mm	沿加劲肋两端撕裂，中间下凹50mm	沿加劲肋撕裂，加劲肋严重屈曲，中间局部断裂	加劲肋撕裂，中间断裂，加劲肋严重屈曲	沿加劲肋两侧轻微撕裂，中间下凹22mm	两侧轻微撕裂，中间最大下凹25	凹洞，最大下凹9mm	凹洞，最大下凹9mm	出现花瓣形破口塑性破坏范围超出加劲肋区域

从表 5.4 可以看出，计算 Q^* 值与实际药量比较，预测钢箱梁顶板是否破损，与试验结果基本吻合，说明用能量准则可以预测钢箱梁顶板的破损状态。两者差距越大，其破损的程度越大。另外，从式（5.65）可以看出，结构的破损与比例距离、材料的极限强度、顶板的厚度有关系，当比例距离比较接近时，材料的极限强度、顶板的厚度及区格尺寸是影响结构破损的主要因素（如 GL-5、GL-7、GL-8）。同时，$\dfrac{Q-Q^*}{Q}$ 可以作为钢箱梁顶板发生开裂破口及加劲肋屈曲的破坏程度的参考依据。

图 5.9 由表 5.1 和表 5.3 绘制而成。可以看出，除个别工况，能量法对板中心最大挠度的计算与实测值吻合度较好；对板中心最大挠度的计算的解析解总体计算比试验值偏小，这是由于在解析法分析时，忽略加劲肋的变形和转动，近似把区格板按四边固支进行分析，导致板中心挠度计算偏小。而能量法由于不关心中间过程，只考虑区格板的起始时刻的爆炸动能和最终状态下板的大致变形状态，故与实测值较为接近。

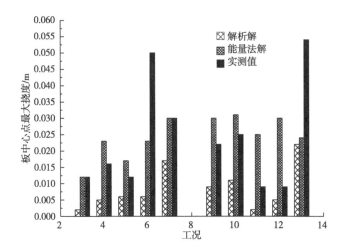

图 5.9 板中心点最大挠度计算比较 (解析法、能量法与实测值比较)

6

钢箱梁在近距离爆炸荷载作用下
的局部破坏数值模拟

6.1 引言

数值模拟是目前桥梁结构抗爆研究的主要手段之一，数值模拟技术可以克服目前爆炸试验开展困难、重复性差的问题。本书在试验基础上，使用以基于显式的大型非线性有限元程序的 LS-DYNA 分析软件进一步对爆炸荷载作用下钢箱梁节段模型的动力性能进行了分析研究，采用 ALE 多物质流固耦合算法，对第 2 章钢箱梁缩尺模型在炸药桥面爆炸作用下的破坏情况进行了数值模拟。首先对钢箱梁及爆炸物的有限元模型及参数的选择问题进行了验证；随后对爆炸作用下的改变结构参数（主要为顶板厚度和加劲肋厚度改变）对钢箱梁破坏状态的影响进行了进一步的模拟分析，得到了破口尺寸与结构参数的关系。

6.1.1 材料本构模型选用

6.1.1.1 炸药材料模型及状态方程

用于描述爆轰过程的模型主要有高能燃烧爆轰模型（CJ 模型）和点火生长模型（ZND 模型）两种[142]。工程中大多采用高能燃烧爆轰模型，其对应的材料关键字为 high explosivees burn。本章所有的炸药模型均采用高能燃烧爆轰模型。爆炸产物压力 P 计算如下式[142]：

$$P = FP_S(V, E) \tag{6.1}$$

$$F = \begin{cases} 0 & t \leqslant t_i \\ \dfrac{t - t_i}{1.5 L_{\min}/D} & t > t_i \end{cases} \tag{6.2}$$

式中　P_S——依据产物状态方程计算得到的压力；

　　　F——燃烧系数（$0 \leqslant F \leqslant 1$）；

　　$L_{\min}$——单元最小特征尺寸；

　　　D——爆轰波传播速度；

　　　t_i——炸药任意点处的起爆时间。

在爆炸数值计算中，最常用的状态方程是 JWL 状态方程（Jones-Wilkins-Lee）。该方程的参数是通过大量试验得到的，属于半经验方程，实践表明，该状态方程能够很好地描述高能炸药，其等熵方程形式为[142]

$$P = A\left(1 - \frac{\omega}{R_1 V}\right)\exp^{-R_1 V} + B\left(1 - \frac{\omega}{R_2 V}\right)\exp^{-R_2 V} + \frac{\omega e}{V} \tag{6.3}$$

式中　A、B、R_1、R_2、ω——表征炸药特性的常数，可以通过圆筒试验标定；

P、V、e——爆轰压力、比体积、体积内能。

6.1.1.2 空气模型及状态方程

采用 Mat_Null 材料模型和气体状态方程对空气模型加以描述。理想气体状态方程为：

$$P = (\gamma - 1)\rho e \tag{6.4}$$

式中 P——气体压力；

γ——多方指数；

ρ——现时密度；

e——能量密度。

其状态方程多采用线性多项式状态方程为[142]：

$$P = c_0 + c_1 V + c_2 V^2 + c_3 V^3 + (c_4 + c_5 V + c_6 V^2)E \tag{6.5}$$

式中 P——压力；

E——单位体积内能；

V——相对体积。

对于理想空气模型，$c_0 = 0.1\text{MPa}$，$c_1 = c_2 = c_3 = c_6 = 0$，$c_4 = c_5 = 0.4$。空气的密度取 1.29kg/m^3。

6.1.1.3 金属材料模型及其失效准则

本章采用 Johnson-Cook 模型（简称 J-C 模型）来描述 Q235 钢的动态力学及失效特性。流动应力的表达式为：

$$\sigma_y = (A + B\overline{\varepsilon}^{pn})(1 + c\ln\dot{\varepsilon}^*)(1 - T^{*m}) \tag{6.6}$$

$$\dot{\varepsilon}^* = \dot{\overline{\varepsilon}}^{p} / \dot{\varepsilon}_0$$

$$T^* = T - T_{\text{room}} / T_{\text{melt}} - T_{\text{room}}$$

参数具体含义如表 6.1 所列。

表 6.1 参数含义

σ_y	A	B	c	n	m	$\overline{\varepsilon}^{p}$	$\dot{\varepsilon}^*$	T^*	T_{melt}
von Mises 流动应力	静屈服应力	应变硬化常数	应变率敏感系数	应变硬化指数	温度相关指数	有效塑性应变	等效塑性应变率比值	相对温度	材料熔点温度

其中，$\dot{\varepsilon}_0$ 通常取 1.0s^{-1}；T^* 为相对温度，一般取正数。

J-C 模型的断裂通过累积损伤法则导出：

$$D = \sum \Delta \epsilon^p / \epsilon^f \qquad (6.7)$$

$$\epsilon^f = [D_1 + D_2 \exp D_3 \sigma^*][1 + D_4 \ln \dot{\epsilon}^*][1 + D_5 T^*] \qquad (6.8)$$

$$\sigma^* = p - \sigma_{\text{eff}} \leqslant 1.5$$

式中　　　　　　　D——损伤参数，在 $0 \sim 1$ 之间，当 $D = 1$ 时表示单元失效；

$\Delta \epsilon^p$——时间步内的塑性应变增量；

ϵ^f——当前时间步的应力状态、应变率和温度下的失效应变；

D_1、D_2、D_3、D_4、D_5——断裂应变常数，通常由实验确定；

σ^*——无量纲压力与应力之比；

p——静水压力；

σ_{eff}——von Mises 等效应力。

失效应变 ϵ^f 和损伤的累积是平均应力、应变率和温度的函数。

6.1.2　求解流程

本章的爆炸冲击数值模拟基于 ANSYS/LS-DYNA 非线性有限元软件，基本流程如图 6.1 所示。

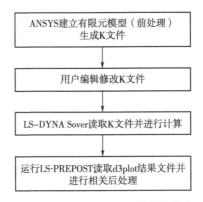

图 6.1　ANSYS/LS-DYNA 建模求解基本流程

其中，前处理包括定义单元类型、定义材料模型、建立实体模型、网格划分、建立 PART、定义边界条件和设置求解选项等过程；求解过程包括生成 K 文件、修改 K 文件和向 DYNA 递交 K 文件，并进行相关控制；后处理采用 LS-Prepost 后处理软件，对模拟结果 d3plot 文件进行结果分析。

6.2 冲击波超压的有限元数值模拟与试验对比

6.2.1 药柱威力比较

试验方案确定之前，考虑到装药形状对试验结果的影响，首先对药柱形状威力进行了模拟比较。空气和炸药的具体参数选用如表 6.2 和表 6.3 所列，由相关文献[2,109]参考确定。

表 6.2 空气材料及状态方程参数

ρ/ (g/cm³)	c_0	c_1	c_2	c_3	c_4	c_5	c_6	E_0/J	V_0
1.293	0	0	0	0	0.4	0.4	0	253312.5	1

表 6.3 炸药材料及状态方程参数

ρ / (g/cm³)	V_{CJ} / (m/s)	P_{CJ} /MPa	A/MPa	B/MPa	R_1	R_2	ω	E_0 / (MJ/m³)
1693	6930	27000	374200	3230	4.15	0.95	0.3	7000

6.2.1.1 起爆点位置比较

模拟药柱建模，圆柱形，半径为 14mm，高 50mm（TNT 当量为 50.16g），起爆位置分别采用顶部、中部起爆两种方式，高斯观测点在距离药柱底部 50mm 处，模拟结果如图 6.2 所示。

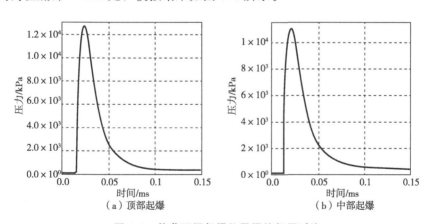

（a）顶部起爆　　　　　　（b）中部起爆

图 6.2 炸药不同起爆位置爆炸超压对比

起爆点在药柱顶部，超压峰值对应时间为 0.023243ms，空气压力值为 1.2712×10^4kPa；起爆点在药柱中部，超压峰值对应时间为 0.02ms，空

气压力值为 $1.1×10^4 kPa$，对于长圆柱形药柱，起爆点在顶部比中部产生的超压值要大（$1.2712×10^4 kPa>1.1×10^4 kPa$）。

6.2.1.2 药柱形状比较

比较相同药量下（TNT当量为50g左右）的药柱形状威力，起爆点统一定为药柱顶部，高斯观测点在距离药柱底部50mm处，模拟结果如图6.3所示。

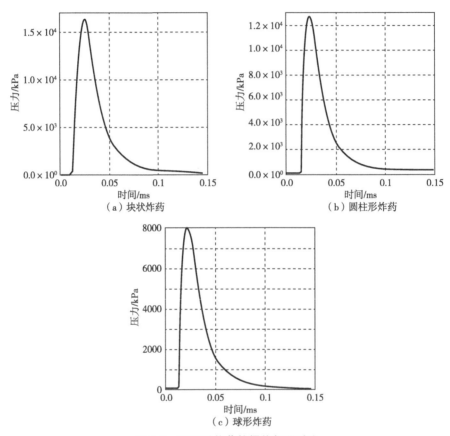

图6.3 不同形状药柱爆炸超压对比

块状炸药大小为 55.5mm×55.5mm×10mm（TNT当量为50.2g），超压峰值对应时间为0.024ms，超压峰值为 $1.638×10^4 kPa$；圆柱形炸药，半径为14mm，高50mm（TNT当量为50.16g），超压峰值对应时间为0.023243ms，空气压力值为 $1.2712×10^4 kPa$；球形炸药，$r=19.5mm$（TNT当量为50.6g），起爆点在中心，超压峰值对应时间为0.022ms，超压峰值为 $0.8×10^4 kPa$。由上可知，空气压力值为块状体>圆柱体>球体（$1.638×10^4 kPa>1.2712×10^4 kPa>0.8×10^4 kPa$）。

6.2.1.3 不同直径、高度药柱比较

炸药药柱形状均为圆柱形，药量相同，起爆点位于药柱中部，模拟结果如图 6.4 所示，图中 R 为炸药的直径，h 为炸药的高度。

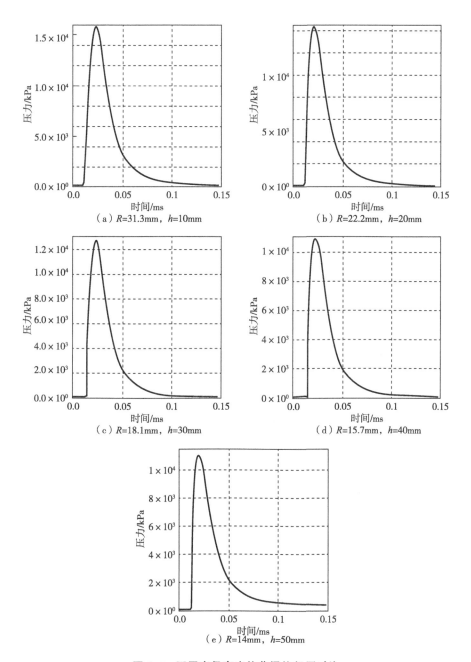

图 6.4　不同直径高度炸药爆炸超压对比

由图 6.4 可知，圆柱形药柱半径为 31.3mm、高 10mm（TNT 当量为 50.14g）时，超压峰值对应时间 0.02189ms，空气压力值 1.584×10^4kPa；半径为 22.2mm、高 20mm（TNT 当量为 50.44g）时，超压峰值对应时间为 0.0218ms，空气压力值 1.432×10^4kPa；半径为 18.1mm、高 30mm（TNT 当量为 50.3g）时，超压峰值对应时间为 0.02258ms，空气压力值为 1.2678×10^4kPa；半径为 15.7mm、高 40mm（TNT 当量为 50.4g）时，超压峰值对应时间为 0.02258ms，空气压力值为 1.087×10^4kPa；半径为 14mm、高 50mm（TNT 当量为 50.16g）时，超压峰值对应时间为 0.02ms，空气压力值为 1.1×10^4kPa。

由图 6.4 可知，圆柱形药随着直径的变小、高度的增加，产生的冲击波超压呈降低趋势。综上，考虑到实际装药试验设备条件及获得较大的爆炸威力，最终选定药柱形状为圆柱形，选用药柱顶部起爆的试验方式。

6.2.2　冲击波超压有限元模拟与试验对比

本章利用 ANSYS AUTODYN 非线性显式动力学有限元软件，建立三维空中爆炸对称计算模型，如图 6.5 所示（彩图见文后，图中数字为高斯观测点编号），对第 2 章试验中传感器位置处测到的爆炸冲击波超压值进行了模拟，爆炸中空气压力场分布情况如图 6.6 所示（彩图见文后）。考虑到模型的对称性，建模时取 1/4 模型，空气域三维空间尺寸为 1000mm×350mm×350mm。为了减少计算量，钢箱梁只建立顶板模型，钢板底部约束 Z 方向位移，炸药底部距离钢箱梁顶板的距离按照试验分别取 50mm、70mm、80mm 及 100mm。空气域除对称面之外，边界条件均施加欧拉流出边界，以模拟无限空气介质。空气和炸药均采用 Euler 单元，空气选用

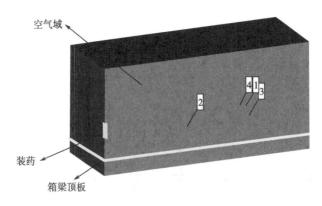

图 6.5　有限元计算模型

理想气体状态方程；炸药选用 JWL 状态方程，材料参数选取如下：$A = 5.24 \times 10^5 \text{MPa}$，$B = 7.678 \times 10^3 \text{MPa}$，$\rho = 1.597 \text{g/cm}^3$，$R_1 = 4.2$，$R_2 = 1.1$，$\omega = 0.34$，爆速 7532m/s，比内能 $7.9 \times 10^6 \text{kJ/m}^3$，爆压 $2.3 \times 10^4 \text{MPa}$。其中爆速的确定利用体积加合法计算，爆压的确定采用修正的 Kamlet 半经验公式计算[143]。

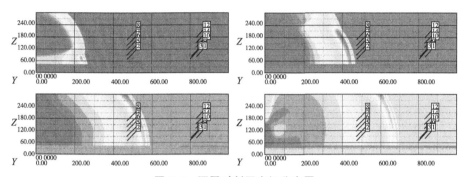

图 6.6 不同时刻压力场分布图

本书在模拟过程中，首先对空气网格大小及建模对称方案进行了比较。

① GL-1、GL-3、GL-5 药量均为 43.3g，采用两个药柱绑定起爆的方法，根据其传感器测点与炸药的位置关系，建立 1/4 模型如图 6.7 所示（彩图见文后），对 GL-3 首先进行模拟计算，10mm 网格超压计算结果为 140kPa、5mm 网格计算结果为 214kPa、2mm 网格的计算结果为 236kPa。另外对其他工况也进行了模拟，通过与实测值比较，取 5mm 网格精度可以满足计算要求，模拟比较理想。图中 1 号观测点为 GL-1 的超压传感器测点位置（超压峰值模拟值为 196kPa），2 号观测点为炸药爆心投影在梁上的点（超压峰值模拟值为 5746kPa），3 号为 GL-3、GL-5 的超压传感器测点位置（超压峰值模拟值为 214kPa）。

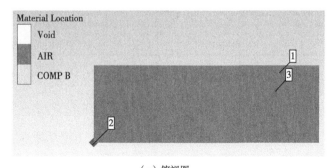

（a）俯视图

图 6.7

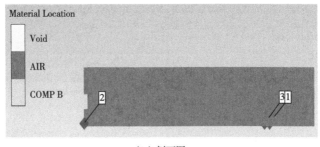

（b）剖面图

图 6.7　GL-1、GL-3、GL-5 的空气炸药模型俯视图和立面剖面图

Void—空物质；AIR—空气；COMP B—B 炸药

② 工况 GL-4、GL-6 药量均为 86.6g，采用四个药柱绑定起爆的方法，根据 GL-4 和 GL-6 测点与炸药的位置关系，建立 1/2 模型（炸药选用 4 个药柱，梅花形布置，底层 3 个，上面 1 个），空气网格 5mm，由于放置炸药位置关系，所以分别建模如下。

Ⅰ. 关于 X 轴对称建模，如图 6.8（a）所示，为了对比炸药摆放对模拟结果的影响，在工况 GL-6 的相关位置处建立高斯观测点，1 号观测点位于炸药爆心正下方垂直距离 10cm（模拟 GL-4 的垂直投影点，峰值压力模拟值为 5356kPa），2 号观测点位于炸药爆心正下方垂直距离 7cm（模拟 GL-6 的垂直投影点，峰值压力模拟值为 9054kPa），3 号观测点为工况 GL-4 的超压传感器测点位置（峰值压力模拟值 385kPa），4 号观测点为工况 GL-6 的超压传感器测点位置（峰值压力模拟值 316kPa）。

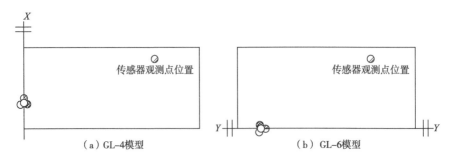

图 6.8　空气炸药模型俯视图

Ⅱ. 关于 Y 轴对称建模，如图 6.8（b）所示，1 号观测点为距离炸药爆心垂直距离 10cm（模拟 GL-4 的垂直投影点，峰值压力模拟值为 5700kPa），2 号观测点为距离炸药爆心垂直距离 7cm（模拟 GL-6 的垂直投影点，峰值压力模拟值为 9845kPa），3 号为 GL-4 的超压传感器测点位置（峰值压力模拟值为 330kPa），4 号为 GL-6 的超压传感器测点位置（峰值压力模拟值为 236kPa）。

③ 建模时需要注意的问题如下。

GL-6 中采用的药柱 TNT 当量为 104g，由于实验室没有这个规格的药柱，所以采用 4 个小药柱绑在一块起爆的方法，建模时采用的是 1/2 模型，关于 Y 轴对称，由于距离传感器较远，所以最初建模时模型在 X 轴方向没有将炸药建在中心位置（其他药量有相应规格的药柱，所以建模采用关于 X-Y 对称的 1/4 模型，不存在这个问题），发现得到的空气速度时程曲线不收敛；另外发现高斯观测点离边界太近也会导致超压时程曲线不收敛，同时，峰值的大小也会因此而有所误差。因此建模时，应将炸药药柱建模在 X 轴的中心位置处，并扩大了空气域的范围，可以得到较好的超压和速度时程曲线曲线，如图 6.9 和图 6.10 所示。

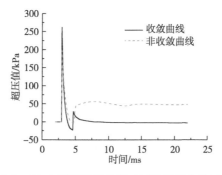

图 6.9　GL-6 超压时程曲线（两种建模方法对比）

Origin 作图，模拟结果的纵坐标下降 101.33kPa；图中纵坐标 0 点对应一个标准大气压值

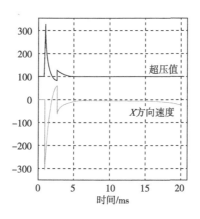

图 6.10　超压值及 X 方向速度时程曲线

　　与实测超压结果对比（图 6.11），关于 Y 轴对称建模所得到的超压模拟值与实测值较为接近，故最后确定四个药柱模拟的建模方法为关于 Y 轴对称的方法。

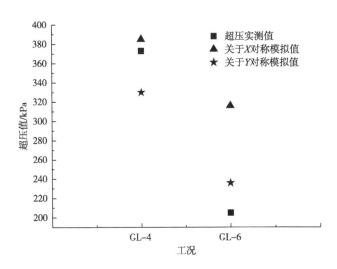

图 6.11　GL-4 和 GL-6 不同建模方式对比

　　在空气网格尺寸大小上最后确定采用 5mm 的网格尺寸，从文献[43]和对 14 个试验工况的模拟结果看，误差最小。超压峰值模拟结果与试验值和理论值对比，如表 6.4 所列。去掉 GL-1、GL-3 和 GL-6 这三个实验出现异常的点，得到超压与比例距离关系曲线，如图 6.12 所示，模拟值与实测值的最大误差为 13%；理论值与实测值的最大误差为 10%。可以看出，模拟参数选取比较合理，模型划分单元合适，建模方法可行。

表 6.4　冲击波超压值 ΔP_{MGL} 的理论计算、实测值和数值模拟对比

工况	GL-1	GL-3	GL-4	GL-5	GL-6	GL-7	GL-9	GL-10	GL-11	GL-12	GL-13
超压实测值/kPa	160	255	373	235	205	214	247	157	282	151	448
超压理论值/kPa	209	237	354	237	263	214	242	166	275	184	415
超压模拟值/kPa	196	214	330	214	236	210	221	151	246	165	409
百分误差（模拟与实测）/%	23	−16	−12	−9	15	−2	−11	−4	−13	9	−9
百分误差（模拟与理论）/%	−6	−10	−7	−10	−10	−2	−9	−9	−10	−10	−1

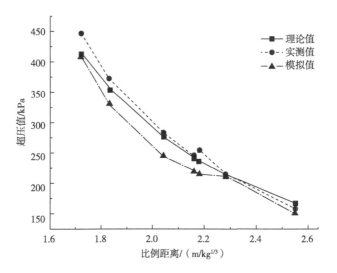

图 6.12 超压与比例距离倒数的关系曲线

超压模拟时程曲线与超压实测时程曲线对比如图 6.13 所示，由于实际情况的复杂性和箱梁顶板破坏情况的差异性，模拟值曲线和实测值曲线有一定的差异，表现在曲线的光滑程度和曲线下降的快慢程度等。

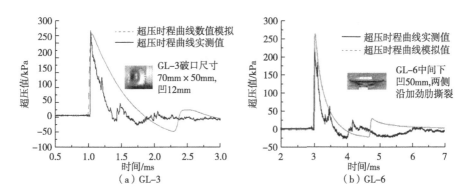

（a）GL-3　　　　　　　　　　（b）GL-6

图 6.13 超压时程曲线实测值与数值模拟值比较

6.3 钢箱梁结构局部破坏数值模拟及影响因素分析

本节对 GL-7 进行了建模与模拟，对该工况的局部破坏状况进行了模拟。考虑爆炸冲击的局部效应和计算效率，以一个梁段为研究对象，建立钢箱主梁局部爆炸冲击响应计算模型。GL-7 主梁截面为单箱三室，桥宽 480mm，梁高 100mm。具体结构参数见 2.3.2 部分。钢材选用 Q235 钢。

梁段模型总长 1800mm，共 11 块横隔板，两端按固支考虑。如图 6.12 所示。空气和炸药单元采用实体单元 SOLID164 单元；两者分别建模，定义不同的材料参数，将炸药爆轰产物与空气组建为相同的流体物质 PART 组，再利用关键字 ∗ALE_Multi-Material_Group，将流体 PART 组与钢箱梁的固体 PART 组组合为多物质材料单元（即赋予 ALE 材料算法）；起爆点根据试验定在圆柱形炸药顶部。钢箱梁所有构件单元均采用 SHELL163 壳体单元，不考虑焊缝影响。定义自动单面接触（∗CONTACT AUTOMATIC SINGLE SURFACE），空气区域各个面采用 flow out 流出边界条件，钢箱梁两侧定义为固定约束，采用 mg-mm-μs 单位制建模，由于试验中发现近距离爆炸的局部效应，为了节省计算空间，所以空气模型建模时只包围了一部分钢箱梁，有限元模型如图 6.14 所示（彩图见文后）。

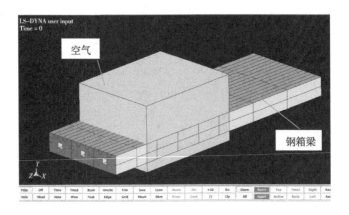

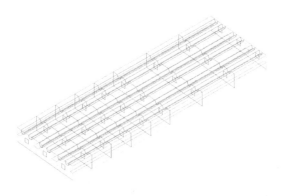

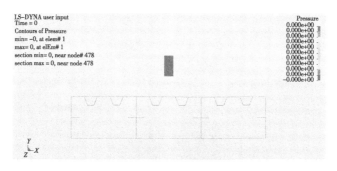

LS-DYNA user input
Time = 0
Contours of Pressure
min = -0, at elem# 1
max = 0, at elEm# 1
section min = 0, near node# 478
section max = 0, near node# 478

Pressure
0.000e+00
0.000e+00
0.000e+00
0.000e+00
0.000e+00
0.000e+00
0.000e+00
0.000e+00
0.000e+00
-0.000e+00

图 6.14　钢箱梁（GL-7）有限元模型

空气区域网格划分为三部分：第一部分为装药主要影响区域（药柱所在范围及垂直至钢箱梁顶板范围内），采用映射网格划分方法，单元尺寸为 1mm；其余部分采用较稀疏的渐变网格，单元尺寸为 2～5mm。钢箱梁除横隔板采用自由网格划分外，其余均采用映射网格划分；爆炸主要影响区域（150mm×150mm）采用较密的网格，单元尺寸为 1mm；其余区域采用稀疏网格，单元尺寸为 5～10mm。钢箱梁 Q235 钢材料模型数据按文献[2，109]选取，如表 6.5 所列。

表 6.5　钢箱梁 J-C 材料模型及 Grüneisen 状态方程参数

$\rho/$ (g/cm^3)	G/GPa	A/MPa	B/MPa	n	c	m
7.83	76.9	235	400	0.08	0.01	0.55
T^*/K	T_{melt}/K	D_1	D_2	D_3	D_4	D_5
294	1790	0.4	0	0	0	0
$C/$ (m/s)	$C_V/$ [J/ (kg·K)]	S_1	S_2	S_3	γ_0	a
4569	452	1.49	0	0	2.17	0.46

6.3.1　破口过程与试验工况对比分析

首先以 GL-7 和 GL-8 为对象进行了数值模拟，顶板破口模拟与试验对比如图 6.15 所示（彩图见文后），破口过程首先沿加劲肋两端先撕裂，随后该条带下凹，随着下凹的程度增加，条带中间撕裂。GL-8 顶板爆炸核心区整个破口过程如图 6.16 所示（彩图见文后），开裂时对应的最大塑性应变值为 0.4 左右。

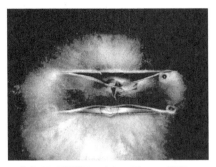 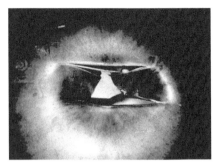

（a）GL-7开裂89mm/79mm/32mm，凹30mm　　　（b）GL-8开裂72mm/80mm/32mm，凹46mm

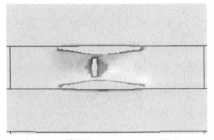 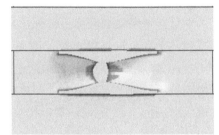

（c）GL-7模拟图91.8mm/30mm，凹27mm　　　（d）GL-8模拟图99.7mm/33mm,凹40mm

图 6.15　GL-7 顶板破口模拟与试验对比图

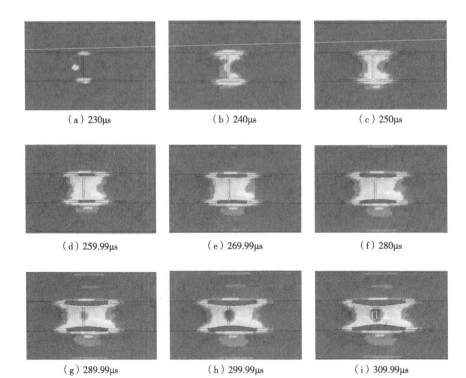

（a）230μs　　　　　　　（b）240μs　　　　　　　（c）250μs

（d）259.99μs　　　　　　（e）269.99μs　　　　　　（f）280μs

（g）289.99μs　　　　　　（h）299.99μs　　　　　　（i）309.99μs

 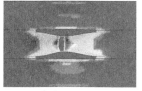 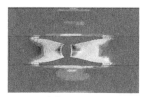

（j）319.99μs　　　　　（k）339.99μs　　　　　（l）369.98μs

图 6.16　GL-8 顶板爆炸核心区不同时刻塑性应变云图及破口过程

说明数值模拟材料参数及单元尺寸等选取适宜，模拟结果和试验结果基本一致。从模拟结果看，顶板破口的纵向尺寸大于横向尺寸；在靠近爆炸主要影响区域，除了顶板外，加劲肋、横隔板与腹板均有较为明显的塑性变形，个别甚至有轻微开裂现象；而且在破口周围一定范围内，顶（底）板也产生了较大的塑性变形。

6.3.2　箱梁顶板厚对破坏模式与破口尺寸影响研究

以 GL-7 作为模板（加筋肋厚度取 2.0mm），首先在其他结构参数不改变的情况下，改变顶板厚度，研究板厚对顶板破口尺寸与破坏模式的影响，为了准确进行对比，我们对各假想工况选用同一个时刻进行数据选取。此处破口尺寸只沿梁纵向或横向的开裂或凹洞的最远点直线距离。

各工况炸药爆炸位置选在两横隔板与纵向加劲肋之间的桥面中心位置，从图 6.17（彩图见文后）可以看出，随着板厚的增加，桥面中心位置即区格板破坏从沿加筋肋两侧撕裂，区格板中心处开裂，变为只有沿加筋肋两侧撕裂，区格板中心只有凹洞，最后变为整个区格板只有凹洞变形，无开裂。凹洞尺寸随着板厚的增加而减小，如果图中最深的凹洞范围以蓝色为界限，形状未发生太大的改变；第二深度范围绿色的形状变化由单一的椭圆形变为了花瓣形状。具体破坏尺寸详见表 6.6。板厚与加劲肋比值达到 1.15 时，顶板区格不发生开裂。破坏沿梁横向以区格板宽度为界限。

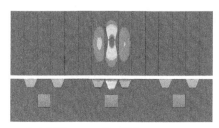 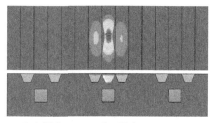

（a）厚度1.5mm，破口尺寸68mm/32mm，　　（b）厚度1.6mm，破口尺寸65mm/32mm，
　　　　挠度27　　　　　　　　　　　　　　　　挠度24

图 6.17

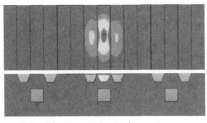
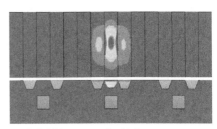

（c）厚度1.7mm，破口尺寸62mm/32mm，挠度22

（d）厚度1.8mm，破口尺寸58mm/32mm，挠度20

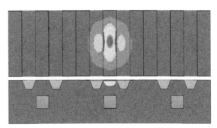

（e）厚度1.9mm，破口尺寸54mm/32mm，挠度18

（f）厚度2.0mm，破口尺寸52mm/32mm，挠度16

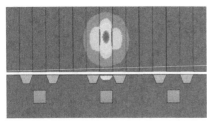
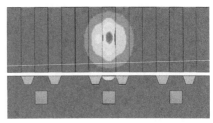

（g）厚度2.1mm，破口尺寸42mm/32mm，挠度15

（h）厚度2.2mm，破口尺寸34mm/32mm，挠度12.6

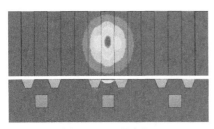
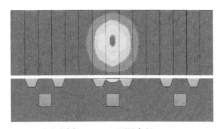

（i）厚度2.3mm，凹洞直径29mm，无开裂，挠度11.4

（j）厚度2.4mm，凹洞直径28mm，无开裂，挠度10.7

图 6.17　钢箱梁顶板破坏形状（在不同板厚的情况下）

破口尺寸指沿梁纵向方向；挠度指顶板沿梁 Y 方向最大位移

表 6.6   钢箱梁区格板破坏情况统计 (在不同板厚作用下)

板厚/mm	板厚与加劲肋厚度之比	沿梁纵向开裂最大尺寸/mm	凹洞深度/mm	近似塑性破坏体积 V^p /mm³
1.5	0.75	68	27	58752
1.6	0.80	65	24	49920
1.7	0.85	62	22	43648
1.8	0.90	58	20	37120
1.9	0.95	54	18	31104
2.0	1.00	52	16	26624
2.1	1.05	42	15	20160
2.2	1.10	34	12.6	13709
2.3	1.15	29	11.4	10580
2.4	1.20	28	10.7	9587
2.5	1.25	28	10.2	9139

图 6.18 是在顶板厚度为 2.5mm 工况中选取塑性变形沿纵向最大距离的两个单元进行测量得到的单元距离变化时程曲线,可以看出,在 250ms 时,单元距离从静态 28mm 陡线上升,达到最高点后稍有所下降,最后平稳于 28.55mm 附近。

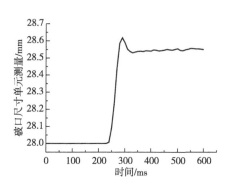

图 6.18   纵桥向凹洞直径测量值

图 6.19～图 6.21 为钢箱梁顶板纵向开裂尺寸、凹洞深度、近似塑性破坏体积与顶板与加劲肋厚度之比的关系,从图中可以看出,随着顶板厚度的增加,顶板与加劲肋厚度值比增加,钢箱梁顶板纵向开裂尺寸、凹洞深度、近似塑性破坏体积呈下降趋势。图 6.19 中曲线并非单调递减,而是在比值

1.0 和 1.15 处出现了两个明显的拐点，在过了 1.0 之后，下降趋势增加；在过了 1.15 之后，变换趋于平缓，结合实际数值模拟结果，在顶板与加劲肋厚度之比超过 1.15 后，顶板破坏状态由开裂变为只发生凹洞塑性变形。

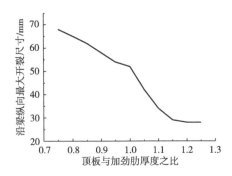

图 6.19　纵向开裂尺寸与顶板、加劲肋厚度比关系曲线

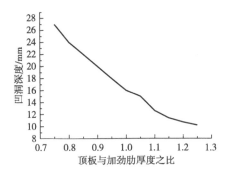

图 6.20　顶板凹洞深度与顶板、加劲肋厚度比关系曲线

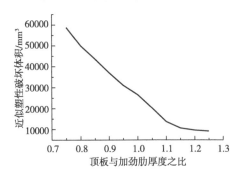

图 6.21　近似塑性破坏体积与顶板、加劲肋厚度比关系曲线

6.3.3　加劲肋厚度对破坏模式与破口尺寸影响研究

仍以 GL-7 作为模板（顶板厚度取 1.5mm），首先在其他结构参数不改变的情况下，改变加劲肋的厚度，研究加劲肋厚对顶板破口尺寸与破坏模式的影响，为了准确进行对比，我们对各假想工况选用同一个时刻进行数据选取。此处破口尺寸只沿梁纵向或横向的开裂或凹洞的最远点直线距离。

各工况炸药爆炸位置在两横隔板与纵向加劲肋之间的桥面中心位置，从图 6.22（彩图见文后）可以看出，随着加劲肋厚度的增加，顶板与加劲肋厚度比值越来越小，桥面中心位置即区格板破坏从区格板只有凹洞变形，无开裂，发展到沿加筋肋两侧撕裂，区格板中心只有凹洞，最后变为沿加劲肋两侧撕裂，区格板中心处开裂。凹洞尺寸随着加劲肋厚度的增加而减小，如果图中最深的凹洞范围以蓝色为界限，形状未发生太大的改变；第二深度范围绿色的形状变化由花瓣形状变为了单一的椭圆形。具体破坏尺寸详见表 6.7。破坏沿梁横向以区格板宽度为界限。

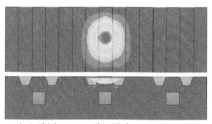

（a）肋厚0.5mm，破口尺寸36.8mm/32mm，挠度20.56

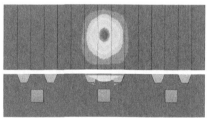

（b）肋厚0.6mm，破口尺寸67.5mm/32mm，挠度21.43

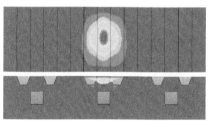

（c）肋厚0.7mm，破口尺寸61.5mm/32mm，挠度22.04

（d）肋厚0.8mm，破口尺寸65.3mm/32mm，挠度22.64

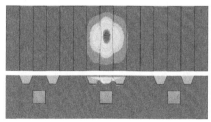

（e）肋厚0.9mm，破口尺寸65.3mm/32mm，挠度22.94

（f）肋厚1.0mm，破口尺寸67.2mm/32mm，挠度22

图 6.22

（g）肋厚1.1mm，破口尺寸67.2mm/32mm，
挠度22.7

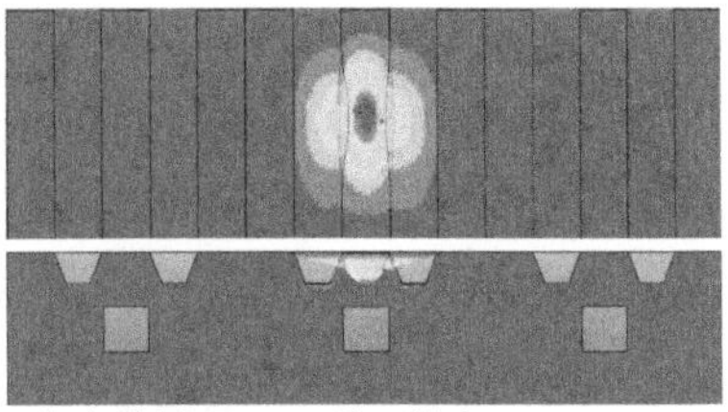

（h）肋厚1.2mm，破口尺寸67mm/32mm，
挠度22.4

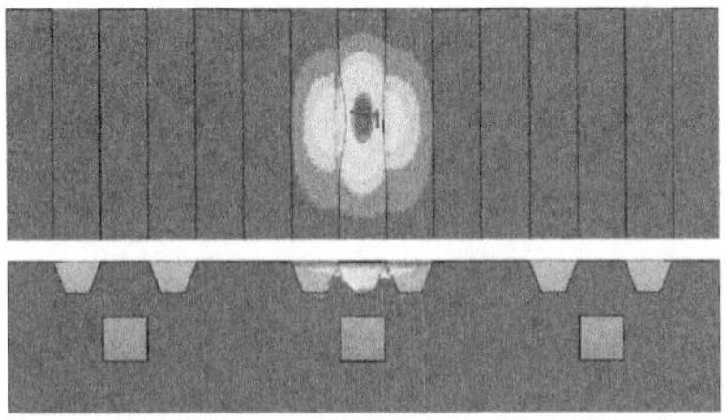

（i）肋厚1.3mm，破口尺寸65mm/32mm，
挠度22

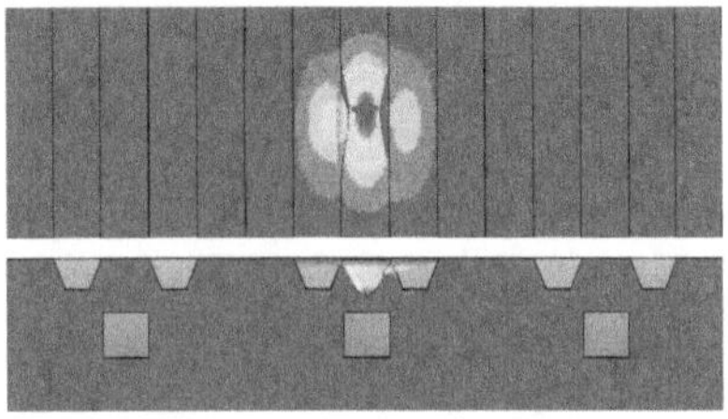

（j）肋厚1.4mm，破口尺寸53mm/32mm，
挠度24.5

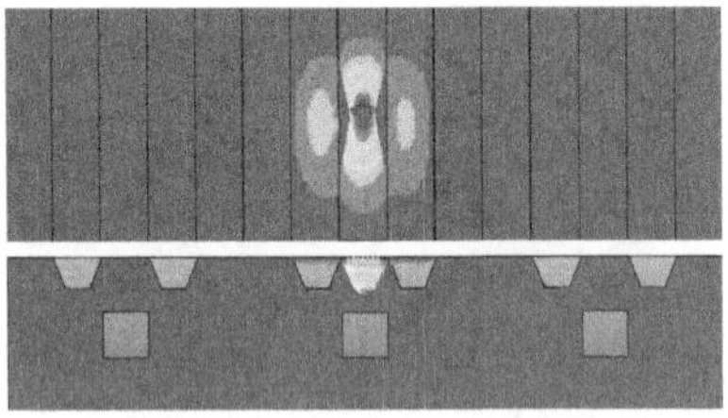

（k）肋厚1.5mm，破口尺寸61mm/32mm，
挠度26

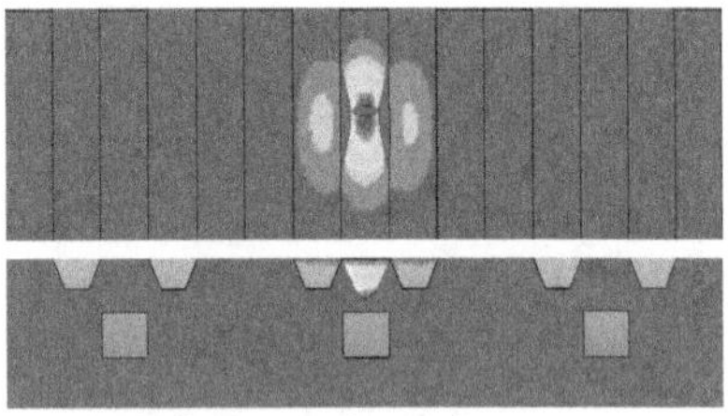

（l）肋厚1.6mm，破口尺寸65mm/32mm，
挠度26.5

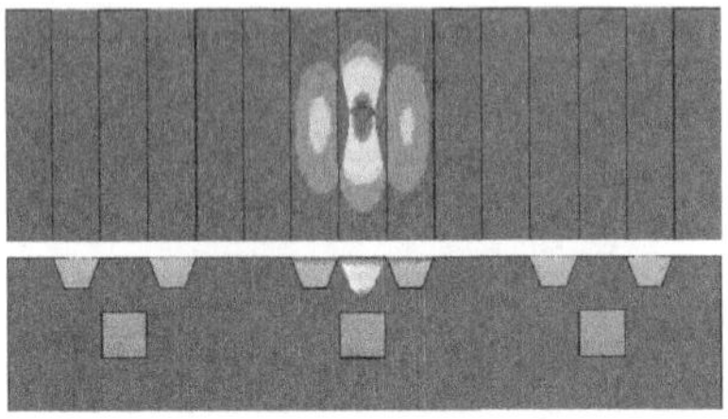

（m）肋厚1.7mm，破口尺寸65.3mm/32mm，
挠度26.7

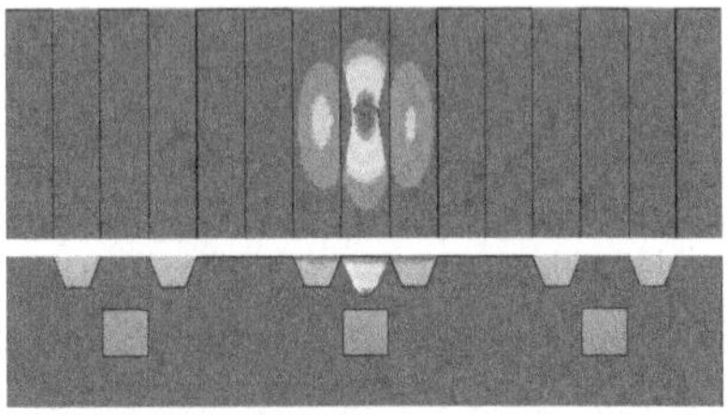

（n）肋厚1.8mm，破口尺寸65.3mm/32mm，
挠度26.9

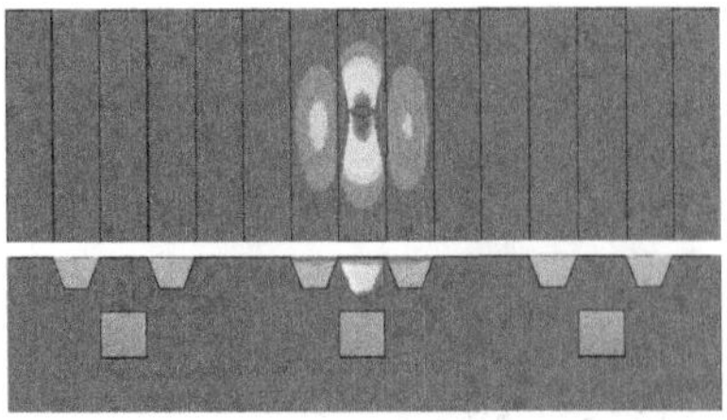

（o）肋厚1.9mm，破口尺寸69.4mm/32mm，
挠度27

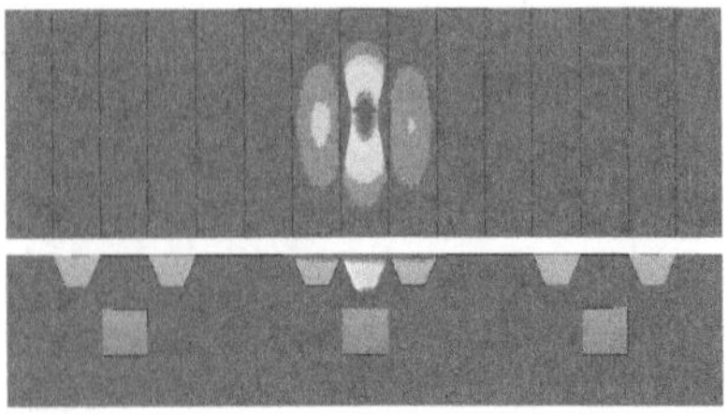

（p）肋厚2.0mm，破口尺寸68mm/32mm，
挠度27

图 6.22　钢箱梁顶板破坏形状（在不同加劲肋厚度的情况下）

破口尺寸指沿梁纵向方向；挠度指顶板沿梁 Y 方向最大位移

从图 6.23（彩图见文后）可以看出，在顶板厚度一定的情况下，随着加劲肋厚度的减小，区格板顶板的破坏状态由沿跨中开裂、与加劲肋连接处断裂 ［如图 6.23 （a）、（b）、（c）］ 到只发生沿与加劲肋连接处断裂 ［如图 6.23 （d）］。当加劲肋厚度小到一定值时，顶板只有凹洞，U 肋屈曲较为显著 ［如图 6.23 （e）］。

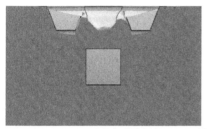

（a）加劲肋厚度1.3mm，顶板1.5mm，加劲肋发生明显屈曲

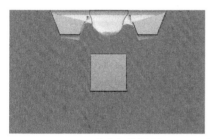

（b）加劲肋厚度1.1mm，顶板1.5mm，加劲肋发生明显屈曲

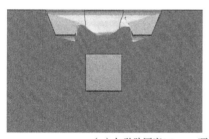

（c）加劲肋厚度0.8mm，顶板1.5mm，加劲肋发生明显屈曲

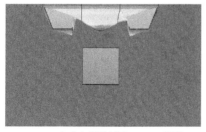

（d）加劲肋厚度0.7mm，顶板1.5mm，加劲肋发生明显屈曲，顶板没有开裂

图 6.23

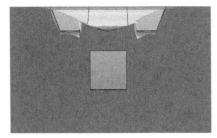

（e）加劲肋厚度0.5mm，顶板1.5mm，加劲肋发生明显屈曲，顶板没有开裂

图 6.23　钢箱梁顶板破口剖面详图（在不同加劲肋厚度的情况下）

表 6.7　钢箱梁区格板破坏情况统计（在不同加劲肋厚度作用下）

加劲肋厚/ mm	板厚与加劲肋 厚度之比	沿梁纵向开裂 最大尺寸/mm	凹洞深度/mm	近似塑性破坏 体积 V^p/mm³
0.5	3.00	36.8	20.56	24211
0.7	2.14	61.5	22.04	43375
0.8	1.88	65.3	22.64	47309
0.9	1.67	65.3	22.94	47935
1.0	1.50	67.2	22.90	49244
1.1	1.36	67.2	22.70	48814
1.2	1.25	67.0	22.40	48026
1.3	1.15	65.0	22.00	45760
1.4	1.07	53.0	24.50	41552
1.5	1.00	61.0	26.00	50752
1.6	0.94	65.0	26.50	55120
1.7	0.88	65.3	26.70	55792
1.8	0.83	65.3	26.90	56210
1.9	0.79	69.4	27.00	59962
2.0	0.75	68.0	27.00	58752

图 6.24 是在加劲肋厚度 1.5mm 工况中选取塑性变形沿纵向最大距离的两个单元进行测量得到的单元距离变化时程曲线，可以看出，在 250ms 时，单元距离从静态 32mm 开始直线上升，到达 34mm 左右时，有所压缩下降，随后又缓慢上升及较缓慢下降。可以看出顶板在爆炸作用下不断压缩拉伸的变换过程。

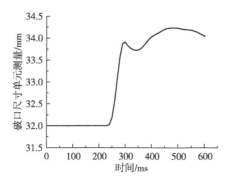

图 6.24 纵向开裂最大直径测量值

图 6.25～图 6.27 为钢箱梁顶板纵向开裂尺寸、凹洞深度、近似塑性破坏体积与顶板与加筋肋厚度之比的关系，从图中可以看出，随着加筋肋厚度的增加，顶板与加劲肋厚度值比减小，钢箱梁顶板纵向开裂尺寸、凹洞深度、近似塑性破坏体积总体呈下降趋势。图 6.27 中曲线并非单调递

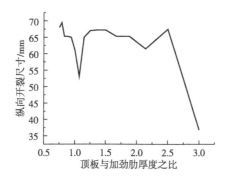

图 6.25 纵向开裂尺寸与顶板、加劲肋厚度比关系曲线

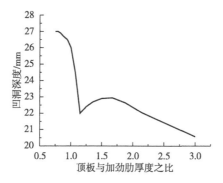

图 6.26 顶板凹洞深度与顶板、加劲肋厚度比关系曲线

减，其中在比值为 1.15，2.14 和 2.5 附近有显著的拐点，在过了 2.5 之后，直线下降，结合实际数值模拟结果，在顶板与加劲肋厚度之比超过 2.5 后，顶板破坏状态由开裂变为只发生凹洞塑性变形。

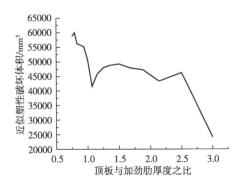

图 6.27　近似塑性破坏体积与顶板、加劲肋厚度比关系曲线

6.3.4　板厚与加劲肋厚度之比对顶板破坏状态的影响

从图 6.28 可以看出，当顶板与加劲肋厚度值比一定时，减小加劲肋厚度引起的顶板纵向开裂尺寸大于变顶板厚度引起的顶板纵向开裂尺寸，说明前者的贡献度大于后着，差值最大可达 17%；另外，从图中可以看出，如果想减小顶板的开裂长度，顶板增加厚度，降低速度较快，效果比减小加劲肋厚度明显。

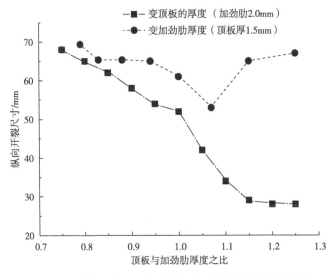

图 6.28　纵向开裂尺寸与顶板、加劲肋厚度比关系曲线

从图 6.29 可以看出，当顶板与加劲肋厚度值比一定时，减小加劲肋厚度引起的顶板凹洞深度大于变顶板厚度引起的顶板凹洞深度，说明前者的贡献度大于后着，差值最大可达 92%；另外，从图中可以看出，如果想减小顶板的开裂长度，顶板增加厚度，降低速度较快，效果比减小加劲肋厚度明显。

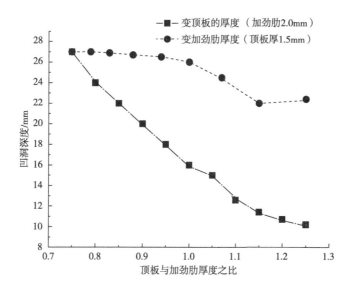

图 6.29 顶板凹洞深度与顶板、加劲肋厚度比关系曲线

从图 6.30 可以看出，当顶板与加劲肋厚度值比一定时，减小加劲肋厚度引起的顶板近似塑性破坏体积大于变顶板厚度引起的顶板近似塑性破坏体积，说明前者的贡献度大于后着，差值最大可达 91%；另外，从图中可以看出，如果想减小顶板的开裂长度，顶板增加厚度，降低速度较快，效果比减小加劲肋厚度明显。

从以上分析可以看出，增加板厚对减小顶板凹洞深度和近似塑性破坏体积效果显著（最大可较小 90% 左右），也可有效减小沿纵向开裂尺寸，这种顶板厚度与加劲肋厚度之比的改变，实际是两者刚度的改变，加劲肋刚度的变弱，会使之对顶板区隔的约束减小，从而使局部破坏效应减弱，顶板变形范围增加，局部变形值减小。

从目前的分析来看，对于近距离小剂量的爆炸，钢箱梁主要是顶板产生局部破口，破口形状基本呈椭圆形状，其他结构构件产生较大的塑性变形，靠近爆炸主要影响区域的加劲肋会产生显著的塑性变形或失稳扭曲。

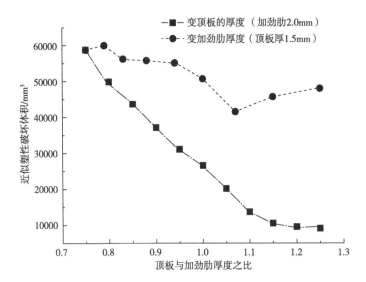

图 6.30 近似破坏塑性体积与顶板、加劲肋厚度比关系曲线

顶板破口直径大小由顶板与加劲肋厚度（刚度比）决定，顶板纵桥向破口直径大于横桥向破口直径。

7

结论和展望

7.1 本书研究工作总结

本书共进行了 22 个工况的钢箱梁缩尺模型爆炸试验，通过改变药量和爆距及钢箱梁模型结构参数、铺装条件，对钢箱梁在近距离爆炸荷载下的破坏模式、破坏机理及影响因素进行了试验研究和理论分析；利用有限元软件 LS-DYNA 进行数值模拟扩展研究，得到结论如下。

1) 钢箱梁缩尺模型近距离爆炸试验结果表明：在爆炸比例距离基本接近的情况下，影响钢箱梁顶板破坏状态的因素有钢箱梁材料、顶板厚度、横隔板间距、加劲肋厚度、加劲肋间距等结构参数。破坏状态与破坏程度是一个多参数共同影响的综合结果。从试验结果来看，顶板厚度、U肋、横隔板间距等参数均可通过有效设计提高钢箱梁顶板的抗爆能力，尤其是 U 肋的约束作用尤为显著，具体结论为：

① 顶板厚度的增加会大大增加整个结构体系的刚度。在相同横隔板间距下，破坏呈现随顶板厚度增加而递减的趋势；

② 在其他条件不变的情况下，横隔板间距大，对顶板纵向的约束力减小，破坏加重；

③ 在加劲肋厚度不变的情况下，顶板厚度降低，其与加劲肋的刚度比降低，使顶板发生沿着加筋肋撕裂的破坏模式；

④ 加劲肋系数越大，约束作用越大，破坏程度越小（最大降幅 83%）；

⑤ 加劲肋上口间距越小（加劲肋布置越密），破坏程度越小（最大降幅 91%）；

⑥ 加劲肋间距不同时，（上口宽度不同），在炸药比例距离相近的情况下，随着加劲肋上口宽度变大，区格板的长宽比发生变化，其受力状态由接近单向受力的单向板转为双向受力的双向板，塑性变形区沿加劲肋开裂的长度减小，凹洞的程度降低，破坏以剪切变形向弯曲变形过渡；

⑦ 破口尺寸横桥向小于纵桥向，表明纵向 U 肋对桥面约束作用大于横隔板对桥面的约束；

⑧ 在近距离爆炸作用下，爆炸冲击波只对离爆炸点最近的区隔板范围造成应力集中，该区格发生塑性大变形或破口；在药量增大的情况下，破口范围会超越加劲肋和横隔板，加筋肋屈曲失效。

2) 通过改变钢箱梁顶板铺装条件，对 8 个工况（PZL-系列）的模型进行了试验研究。试验结果表明，铺装层中增加钢丝网夹层及纤维类吸能材料 Kevlar 布，均可以有效提高混凝土铺装层的抗爆性能（减少钢箱梁破坏可达 50％以上）。其中增设 Kevlar 布的钢丝网混凝土铺装层的抗爆能力优于单纯的钢丝网混凝土铺装层；设置双层钢筋网的混凝土铺装层的抗爆性能优于设置单层钢筋网的混凝土铺装层；设置铺装层后，对钢箱梁顶板在爆炸荷载作用下的相同位置处的应变时程曲线峰值有显著的降低及滞后性。对混凝土铺装层来说，钢丝网对限制混凝土开裂效果明显；将纤维类吸能材料（如 Kevlar 布）放入混凝土中，可以提高混凝土铺装层的抗爆性能，表现为混凝土剥落面积和碎片体积增加、钢箱梁顶板的塑性变形减小；纤维类吸能材料的厚度在达到一定厚度时，会加剧铺装层的破坏，需要进行合理设计和优化。

3）通过对钢箱梁表面爆炸冲击波超压的测试，结果表明：超压时程曲线的峰值与传感器距离炸药的比例距离 γ''_1 成反比；顶板破口会吸收冲击波能量，表现在有些工况虽然比例距离相同，但由于结构或材料不同导致顶板破坏程度不同时，超压值会有较大不同；所有工况超压时程曲线在 $3500\mu s$ 和 $4000\mu s$ 附近均有反射信号。如果箱梁顶板发生塑性变形或轻微的开裂，曲线中两个反射信号之间的曲线相对比较平滑，如 GL-3、GL-5、GL-9～GL-12 的超压时程曲线；如果箱梁顶板发生较为严重的开裂、加劲肋屈曲等严重破坏情况时，则曲线中两个反射点之间会发生较为严重的干扰信号，如 GL-1、GL-4、GL-6、GL-7、GL-3 和 GL-13 的超压时程曲线。考虑箱梁顶板变形等因素，取冲击波反射系数 $\delta = 1.63$ 时，通过误差分析，该反射系数对应的超压计算值与实测值吻合度较好，标准方差 σ 最小，最大误差 26％。而误差较大的 GL-1、GL-3 和 GL-6，实测值小于理论计算值的原因是其对应的破坏状态有严重的开裂和破口，吸收了较大的冲击波能量，使得超压实测值降低很多。

4）根据试验各工况，对钢箱梁顶板的破坏情况分两种情况，通过解析法和能量法两种方法进行分析，得到可以描述加劲板的最终变形状态的挠曲面方程，并与试验中破坏状态实测值进行了对比。分析所得的钢箱梁顶板开裂临界状态的最小炸药量量 Q^*，可较好地预测钢箱梁顶板是否发生破损，其预测结果与试验结果基本吻合。从公式 Q^* 分析中可以看出，结构的破损与比例距离、材料的极限强度、顶板的厚度有关系，当比例距离比较接近时，材料的极限强度和顶板的厚度及区格尺寸是影响结构破损的主要因素，理论结果与试验基本一致。$\dfrac{Q - Q^*}{Q}$ 可以作为钢箱梁顶板发生开裂破口及加劲肋屈曲的破坏程度的参考依据。

5) 对钢箱梁结构进行爆炸作用下的有限元模拟，重点对钢箱梁顶板厚度与加劲肋厚度的改变对钢箱梁顶板区格破坏的影响进行了分析。模拟发现：顶板破口直径大小由顶板与加劲肋厚度（刚度比）决定，顶板纵桥向破口直径大于横桥向破口直径。当顶板与加劲肋厚度比值一定时，减小加劲肋厚度引起的顶板纵向开裂尺寸大于变顶板厚度引起的顶板纵向开裂尺寸，差值最大可达 17%。顶板增加厚度，对减小顶板的开裂长度的效果优于减小加劲肋厚度的效果；当顶板与加劲肋厚度值比一定时，减小加劲肋厚度引起的顶板凹洞深度大于变顶板厚度引起的顶板凹洞深度，差值最大可达 92%。增加板厚对减小顶板凹洞深度和近似塑性破坏体积效果显著（最大可减小 90% 左右），也可有效减小沿纵向开裂尺寸，这种顶板厚度与加劲肋厚度之比的改变，实际是两者刚度的改变，加劲肋刚度变弱会减小对顶板区隔的约束，从而使局部破坏效应减弱，顶板变形范围增加，局部变形值减小。数值模拟结果与试验结果基本一致。

7.2 研究主要创新点

研究的主要创新点如下：

① 得出了炸药量与钢箱梁顶板破坏的爆炸极限荷载之间的定量关系；

② 提出的防护式铺装层结构可减少钢箱梁顶板在爆炸荷载作用下 50% 的破坏，双层钢筋网加多层 Kevlar 的防护方式是有效的抗爆铺装层结构形式；

③ 根据冲击波超压测试结果与理论计算对比，提出了考虑钢箱梁变形破坏的冲击波反射系数；

④ 将矩形薄板塑性大变形理论应用于钢箱梁顶板区格在爆炸荷载作用下的破坏状态计算与预测，得到了可以描述钢箱梁顶板最终变形状态的挠曲面方程，获得了钢箱梁顶板开裂临界状态的极限炸药量。

7.3 钢箱梁抗爆研究展望

本书采用试验和数值模拟相结合的方法，通过改变结构参数及铺装条件，对钢箱梁结构在近距爆炸作用下的破坏模式、破坏机理及影响因素进行了研究，可为钢箱梁的抗爆性能研究提供思路和方法。但仍然有很多地方需要进一步的研究，主要包括：

① 本书在数值模拟研究工作中仅考虑了顶板厚度和加劲肋厚度改变对钢箱梁顶板破坏模式影响的模拟，下一步应深入研究改变其他参数及炸药比例距离等对箱梁顶板破坏模式影响的研究，并深入分析各参数的耦合影响因子，为钢箱梁的抗爆设计提供参考依据。

② 本书在混凝土铺装层的抗爆性能研究中仅考虑了添加钢丝网和Kevlar布防爆层后对钢箱梁抗爆性能的影响。今后可继续从混凝土配比、改变配筋形式及添加其他有机抗爆材料入手，研究对提高钢箱梁抗爆性能更为有效的混凝土铺装层形式，并深入研究其抗爆机理。

③ 目前对钢箱梁顶板的局部破坏理论分析中对区格板的应变能没有考虑加劲肋的变形。下一步可以进一步将加劲肋的变形考虑进去，继续优化钢箱梁顶板区格破坏状态响应方程。

参考文献

[1] 朱新明,蒋志刚,白志海.交通恐怖袭击特点及反恐措施研究 [J].国防交通工程与技术,2011,09(1):4-7.

[2] 朱新明.钢箱梁爆炸冲击局部破坏数值模拟研究 [D].长沙:国防科学技术大学,2011.

[3] D. S. H. Globol Terrorism database. The U. S. Department of Homeland Security [DB], The U. S.,2018.

[4] 葛强胜,方绪怀,郭跃.大型桥梁抗激光制导炸弹袭击对策探讨 [J].国防交通工程与技术,2003,19(4):24-27.

[5] 辛宇天,任劲松,凡小杰.桥梁面临的威胁及防护 [J].光电技术应用,2005,20(6):36-39.

[6] 王凯,李海超,王晓安.精确制导武器威胁下的深水大跨度桥梁战时保障对策研究 [J].国防交通工程与技术,2010,8(1):11-13.

[7] 周志斌,葛强林.未来交通重点目标防护伪装展望 [J].国防交通工程与技术,2003,1(1):22-25.

[8] 朱鹏飞.桥梁结构抗爆防爆现状分析及对策研究 [D].成都:西南交通大学,2016.

[9] 张玉娥,白宝鸿,张昀清.桥梁风险管理及防恐设计 [J].世界桥梁,2006,(4):71-75.

[10] 林辉,陈艾荣.基于恐怖袭击的桥梁设计 [J].世界桥梁,2009,(2):17-20.

[11] 林辉,陈艾荣.基于性能的桥梁反恐设计方法研究 [J].同济大学学报(自然科学版),2009,37(8):999-1002.

[12] 李键,吴海军.桥梁恐怖袭击研究概述与反恐设计 [J].国防交通工程与技术,2015,13(4):1-5.

[13] 陈钊庭.钢箱梁加劲板的非线性动力行为研究 [D].广州:华南理工大学,2016.

[14] 刘清平,王静峰.斜拉桥钢箱梁在车辆荷载作用下的局部应力分析 [J].长江大学学报(自科版),2004,1(2):47-50.

[15] 王浩,李爱群,郭彤,等.车载作用下大跨度悬索桥钢箱梁受力状态的实验研究 [J].实验力学,2009,24(1):27-34.

[16] 陈清华.大跨度悬索桥扁平钢箱梁受力特性分析 [J].交通科技与经济,2017,19(1):59-63.

[17] 朱太勇,周广东,张欢,等.钢箱梁正交异性桥面板疲劳评估全空间S-N曲线研究 [J].工程力学,2017,34(11):210-217.

[18] 杨吉新,王俊,杨竞南.体外预应力钢箱梁桥地震效应分析 [J].公路,2012,6:36-40.

[19] 马荣鑫.大跨钢箱梁悬索桥地震响应有限元分析 [J].计算机辅助工程,2015,24(3):25-30.

[20] 黄贤智.钢箱梁斜拉桥抗震能力评估方法研究 [D].桂林:广西大学,2014.

[21] 马帅飞.钢箱梁斜拉桥风参数实测与研究 [D].重庆:重庆交通大学,2015.

[22] 刘登攀.复杂环境下互通立交跨线桥钢箱梁横截面的设计优化 [J].建筑技术,2014,45(9):803-805.

[23] 曲慧,马如进,陈艾荣.分离式钝体钢箱梁静气动力节段风洞试验研究 [J].结构工程

师，2010，26（3）：89-94.

[24] 杨阳，张亮亮，吴波，等．宽体扁平钢箱梁气动力特性及涡振性能研究 [J]．桥梁建设，2016，46（1）：70-75.

[25] 林志兴，葛耀君，曹丰产，等．钢箱梁桥的抗风问题及其对策研究 [J]．同济大学学报（自然科学版），2002，30（5）：614-617.

[26] 杨詠昕，周锐，李渊，等．不同风嘴形式的大跨度分体箱梁桥梁颤振性能 [J]．振动工程学报，2015，28（5）：673-682.

[27] Son J，AstanehAsl A，Rutner M P．Blast performance of long span cable-supported bridge decks [J]．IABSE Symposium Report，2006，92（14）：48-55.

[28] Geng S. B.，Liu Y. L.，Xue J. Y. Experimental Studies on Steel Box Girder Scale Model under Blast Load [J]．Engineering Mechanics，2017，34（S1）：84-88.

[29] Bo Y.，Qian Z. D. Analysis of dynamic response of deck pavements for long-span steel box girder bridge [J]．Journal of Highway & Transportation Research & Development，2007，3（1）：25-28.

[30] 周听清．爆炸动力学及其应用 [M]．合肥：中国科学技术大学出版社，2001.

[31] 杜修力，廖维张，田志敏，等．爆炸作用下建（构）筑物动力响应与防护措施研究进展 [J]．北京工业大学学报，2008，34（3）：277-287.

[32] AASHTO. National needs assessment for ensuring transportation infrastructure security [M]．Bureau of Alcohol，Tobacco，Firearms&Explosives，2002.

[33] TM5-1300. Design of structures to resist the effects of accidental explosions [M]．US：US Department of Defense，1990.

[34] 国家安全生产监督管理总局．AQ 4105—2008 烟花爆竹烟火药 TNT 当量测定方法 [S]．2008.

[35] 伍俊，刘晶波，杜义欣．汽车炸弹爆炸下装配式防爆墙弹塑性动力计算与数值分析 [J]．防灾减灾工程学报，2007，27（4）：394-400.

[36] 申祖武，龚敏，王天运，等．汽车炸弹爆炸冲击波作用下建筑物的动力响应分析 [J]．振动与冲击，2008，8：165-168.

[37] 徐曼妮．汽车炸弹爆炸冲击波超压预测及其应用 [D]．长沙：湖南大学，2011.

[38] 姚术健，蒋志刚，卢芳云，等．汽车炸弹钢箱梁内部爆炸局部破坏效应分析 [J]．振动与冲击，2015，7：222-227.

[39] Nikhil G.，Narayanan N. I. Interaction of blast load on AASHTO girder bridge [J]．Applied Mechanics & Materials，2016，857：131-135.

[40] 陈亮．运用蒸气云爆炸模型分析铁路汽油罐车运输的危险性 [J]．铁道运输与经济，2013，35（1）：24-26.

[41] 屈建文，毛益松，刘义新，等．引火线爆炸事故炸药当量估算及起爆原因分析 [J]．采矿技术，2017，1：95-97.

[42] 孔新立，金丰年，蒋美蓉．恐怖爆炸袭击方式及规模分析 [J]．爆破，2007，24（3）：88-92.

[43] 邓荣兵，金先龙，陈向东，等．爆炸冲击波作用下桥梁损伤效应的数值仿真 [J]．上海交通大学学报，2008，42（11）：1927-1930.

[44] Hao H.，Tang E. K. C. Numerical simulation of a cable-stayed bridge response to blast loads，Part II：Damage prediction and FRP strengthening [J]．Engineering Structures，2010，32（10）：3193-3205.

［45］Tokalahmed Y. M. Response of bridge structures subjected to blast loads and protection techniques to mitigate the effect of blast hazards on bridges［D］. Rutgers The State University of New Jersey-New Brunswick，2009.

［46］Liu Z.，Fu H.，Li L.，et al. Blast load effects on the high-speed railway bridge［J］. IABSE Symposium Report，2014，102（35）：601-608.

［47］Chen L.，Jiang T. H.，Gong J.，et al. Study on damage effect of concrete bridge model under blast loading［J］. Applied Mechanics & Materials，2015，777：116-120.

［48］刘山洪，魏建东，钱永久. 桥梁结构爆炸分析特点综述［J］. 重庆交通大学学报（自然科学版），2005，24（3）：16-19.

［49］Mays G. C.，Smith P. D. Blast effects on buildings. Design of buildings to optimize resistance to blast loading［J］. American Society of Civil Engineers，1995，（7）：348A-349A.

［50］Gannon J. C.，Marchand K. A.，Williamson E. B. Approximation of blast loading and single degree-of-freedom modelling parameters for long span girders［C］. The 9th International Conference on Structures Under Shock and Impact 2006，SUSI 2006，SU06，July 3，2006-July 5，2006. The New Forest，United kingdom：WITPress，2006.

［51］Fallah A. S.，Louca L. A. Pressure-impulse diagrams for elastic-plastic-hardening and softening single-degree-of-freedom models subjected to blast loading［J］. International Journal of Impact Engineering，2007，34（4）：823-842.

［52］Shi Y. C.，Hao H.，Li Z. X. Numerical derivation of pressure-impulse diagrams for prediction of RC column damage to blast loads［J］. International Journal of Impact Engineering，2008，35（11）：1213-1227.

［53］Fujikura S.，Bruneau M. Dynamic analysis of multihazard-resistant bridge piers having concrete-filled steel tube under blast loading［J］. Journal of Bridge Engineering，2012，17（2）：249-258.

［54］Rigby S. E.，Tyas A.，Bennett T. Single-degree-of-freedom response of finite targets subjected to blast loading-The influence of clearing［J］. Engineering Structures，2012，45：396-404.

［55］Wang W.，Zhang D. Pressure-impulse diagram with multiple failure modes of one-way reinforced concrete slab under blast loading using SDOF method［J］. Journal of Central South University，2013，20（2）：510-519.

［56］Figuli L.，Papán，Daniel. Single degree of freedom analysis of steel beams under blast loading［J］. Applied Mechanics and Materials，2014，617：92-95.

［57］Syed Z. I.，Liew M. S.，Hasan M. H.，et al. Single-degree-of-freedom based pressure-impulse diagrams for blast damage assessment［J］. Applied Mechanics and Materials，2014，567：499-504.

［58］Lee K.，Shin J. Equivalent single-degree-of-freedom analysis for blast-resistant design［J］. International Journal of Steel Structures，2016，16（4）：1263-1271.

［59］李杰. 几类反应谱的概念差异及其意义［J］. 世界地震工程，1993，4：9-14.

［60］Gantes C. J.，Pnevmatikos N. G. Elastic-plastic response spectra for exponential blast loading［J］. International Journal of Impact Engineering，2004，30（3）：323-343.

［61］Kemal H.，Varol，Koç. Dynamic assessment of partiallly damaged historic masonry bridges under blast-induced ground motion using multi-point shock spectrum method［J］. Applied Mathematical Modelling，2016，40（23）：10088-10104.

［62］Zhou F.，Arockiasamy M. Analysis of blast pressures in composite steel girder bridge system [M]：The U. S. American Society of Civil Engineers，2010.

［63］胡志坚，刘超，方建桥. 基于薄板理论的混凝土桥梁近场抗爆方法研究［J］. 武汉理工大学学报（交通科学与工程版），2015，39（2）：279-283.

［64］Komarov K. L.，Nemirovskii Y. V. Dynamic behavior of rigid-plastic rectangular plates［J］. Soviet Applied Mechanics，1985，21（7）：683-690.

［65］Yu T. X.，Chen F. L. The large deflection dynamic plastic response of rectangular plates［J］. International Journal of Impact Engineering，1992，12（4）：605-616.

［66］陈发良，余同希. 计入膜力塑性耗散效应的矩形板塑性动力响应［J］. 爆炸与冲击，2005，25（3）：200-206.

［67］张升. 冲击载荷作用下矩形加筋板的塑性动力响应［D］. 哈尔滨：哈尔滨工程大学，2017.

［68］Gannon J. C. Design of bridge for security against terrorist attacks［D］. Austin：The University of Texas at Austin，2004.

［69］Winget D. G.，Marchand K. A.，Williamson E. B. Analysis and design of critical bridges subjected to blast loads［J］. Journal of Structural Engineering，2005，131（8）：1243-1255.

［70］Ahmed I.，Hani S. Numerical prediction ofthe dynamic response of prestressed concrete box girder bridges under blast loads［C］. 11th International LS-DYNA Users Conference，2006，Michign，USA：LSTC & ETA.

［71］Suthar K. N. Effect of dead，five and blast loads on a suspension bridge［D］. The University of Maryland，College Park，2007.

［72］Mahoney E E. Analyzing the effects of blast loads on bridges using probability structural analysis and performance criteria［D］. The Graduate School ofthe University of Maryland，2007.

［73］Cimo R. Analytical modeling to predict bridge performance under blast loading［D］. Delaware：The University of Delaware，2007.

［74］Islam A. K. M. A.，Yazdani N. Blast capacity and protection of AASHTO girder bridges［J］. Forensic Engineering，Proceedings of the Congress，2007，217：311-326.

［75］Deng R. -B.，Jin X. -L.，Chen X. -D.，et al. Numerical simulation for the damage effect of bridge subjected to blast wave［J］. Shanghai Jiaotong Daxue Xuebao/Journal of Shanghai Jiaotong University，2008，42（11）：1927-1930，1934.

［76］Davis，Carrie E. Design and detailing guidelines for bridge columns subjected to blast and other extreme loads［M］Proceedings of the 2009 Structures Congress-Don't Mess with Structural Engineers：Expanding Our Role. 2009. p. 2143-2152.

［77］Zhou F. Blast/explosion resistant analysis of composite steel girder bridge system［J］. Dissertations & Theses-Gradworks，2009，3（3）：36-42.

［78］胡志坚，胡钊芳. 桥梁结构爆炸荷载特性研究［C］. 全国桥梁学术会议，2010.

［79］Karasova E.，Foglar M.，Kristek V. The effect of blast in bridge design［C］. European Safety and Reliability Annual Conference：Reliability，Risk and Safety：Back to the Future，ESREL 2010，September 5，2010-September 9，2010. Rhodes，Greece：Taylor and Francis-Balkema，2010. p. 487-494.

［80］刘超. 预应力混凝土桥梁爆炸荷载作用效应研究［D］. 武汉：武汉理工大学，2012.

［81］Karmakar S. Response of a T-Beam reinforced concrete two lane bridge under blast loading［J］. International Journal of Earth Sciences and Engineering，2012，5（6 SPECIAL ISSUE 1）：1708-1714.

[82] Pan Y. , Chan B. Y. B. , Cheung M. M. S. Blast loading effects on an RC slab-on-girder bridge superstructure using the multi-euler domain method [J] . Journal of Bridge Engineering, 2013, 18 (11): 1152-1163.

[83] 刘青, 元兴军, 尚方剑. 爆炸荷载作用下上承式拱桥的动力响应及损伤特性 [J] . 中外公路, 2014, (6): 101-105.

[84] Shukla P. J. , Modhera C. D. Dynamic response of cable stayed bridge pylon subjected to blast loading [M] . Advances in Structural Engineering. New Delhi: Springer India, 2015.

[85] Zhu J. , Xing Y. , University T. Dynamic response and damage process analysis of urban bridge subjected to blast load [J] . Journal of Tianjin University, 2015, 48 (6): 510-519.

[86] 陈璐. 简支 T 梁桥在爆炸荷载作用下的易损性分析 [D] . 天津: 河北工业大学, 2015.

[87] Hashemi S. K. , Bradford M. A. , Valipour H. R. Dynamic response of cable-stayed bridge under blast load [J] . Engineering Structures, 2016, 127: 719-736.

[88] Biglari M. , Ashayeri I. , Bahirai M. Modeling, vulnerability assessment and retrofitting of a generic seismically designed concrete bridge subjected to blast loading [J] . International Journal of Civil Engineering, 2016, 14 (6): 1-31.

[89] 张宇, 李国强, 陈可鹏, 等. 桥梁结构抗爆安全评估研究进展 [J] . 爆炸与冲击, 2016, 36 (1): 135-144.

[90] Marjanishvili S. , Mueller K. , Fayad F. Robust bridge design to blast, fire, and other extreme threats [J] . Bridge Structures, 2017, 13 (2-3): 93-100.

[91] 王向阳, 冯英骥. 爆炸冲击作用下连续梁桥动力响应和影响因素研究 [J] . 爆破, 2017, (3): 108-117.

[92] Hu Z. , Zhang Y. , Zeng Z. , et al. Blast responses of bridge girders with consideration of isolation effect induced by car bomb [J] . Journal of Engineering Materials and Technology, Transactions of the ASME, 2017, 139 (2): 021003.

[93] Pan Y. , Ventura C. E. , Cheung M. M. S. Performance of highway bridges subjected to blast loads [J] . Engineering Structures, 2017, 151: 788-801.

[94] Thomas R. J. , Steel K. , Sorensen A. D. Reliability analysis of circular reinforced concrete columns subject to sequential vehicular impact and blast loading [J] . Engineering Structures, 2018, 168: 838-851.

[95] Mosalam K. M. , Mosallam A. S. Nonlinear transient analysis of reinforced concrete slabs subjected to blast loading and retrofitted with CFRP composites [J] . Composites Part B, 2001, 32 (8): 623-636.

[96] Williamson E. B. , Bayrak O. , Davis C. , et al. Performance of bridge columns subjected to blast loads. I: Experimental program [J] . Journal of Bridge Engineering, 2011, 16 (6): 693-702.

[97] Fujikura S. , Bruneau M. , Lopez-Garcia D. Experimental investigation of multihazard resistant bridge piers having concrete-filled steel tube under blast loading [J] . Journal of Bridge Engineering, 2008, 13 (6): 586-594.

[98] Fujikura S. , Bruneau M. Experimental investigation of seismically resistant bridge piers under blast loading [J] . Journal of Bridge Engineering, 2011, 16 (1): 63-71.

[99] 陈肇元. 爆炸荷载下的混凝土结构性能与设计 [M] . 北京: 中国建筑工业出版社, 2015.

[100] 彭胜. 爆炸冲击荷载作用下混凝土 T 梁桥动态响应分析 [D] . 武汉: 武汉科技大

学，2016.

[101] Foglar M.，Hajek R.，Fladr J.，et al. Full-scale experimental testing of the blast re-sistance of HPFRC and UHPFRC bridge decks [J]. Construction & Building Materials，2017，145：588-601.

[102] Hajek R.，Fladr J.，Pachman J.，et al. An experimental evaluation of the blast resist-ance of heterogeneous concrete-based composite bridge decks [J]. Engineering Structures，2019，179：204-210.

[103] 杜刚. 爆炸荷载作用下钢筋混凝土 T 梁桥和箱梁桥的动态响应研究 [D]. 武汉：武汉科技大学，2018.

[104] 刘亚玲，刘玉存，耿少波. 钢箱梁结构在爆炸冲击波作用下局部破坏影响因素实验研究 [J]. 振动与冲击，2018，37（24）：229-236.

[105] 耿少波，刘亚玲，薛建英. 钢箱梁缩尺模型爆炸冲击波作用下破坏实验研究 [J]. 工程力学，2017，34（S1）：84-88.

[106] Jin S.，Astaneh-Asl A.，Rutner M. P. Blast performance of long span cable-supported bridge decks [J]. Iabse Symposium Report，2006，92（14）：48-55.

[107] J. Son. Performance of cable supported bridge decks subjected to blast loads [D]. Berke-ley：The University of California，2008.

[108] 王赟. 空中爆炸冲击波作用下悬索桥竖向弯曲响应 [D]. 长沙：国防科学技术大学，2010.

[109] 白志海. 正交异性钢桥面板恐怖爆炸破坏机理研究 [D]. 长沙：国防科学技术大学，2010.

[110] Tang E K C，Hao H. Numerical simulation of a cable-stayed bridge response to blast loads，Part I：Model development and response calculations [J]. Engineering Structures，2010，32（10）：3180-3192.

[111] Jin S，Lee H J. Performance of cable-stayed bridge pylons subjected to blast loading [J]. Engineering Structures，2011，33（4）：1133-1148.

[112] Son J，Astaneh-Asl A. Blast resistance of steel orthotropic bridge decks [J]. Journal of Bridge Engineering，2012，17（4）：589-598.

[113] 蒋志刚，白志海，严波，等. 钢箱梁桥面板爆炸冲击响应数值模拟研究 [J]. 振动与冲击，2012，31（5）：77-81.

[114] 蒋志刚，朱新明，严波，等. 钢箱梁爆炸冲击局部破坏的数值模拟 [J]. 振动与冲击，2013，32（13）：159-164.

[115] 陈小斌. 汽车炸弹桥面爆炸独塔斜拉桥易损性研究 [D]. 长沙：国防科技大学，2015.

[116] 胡志坚，张一峰，刘芳. 大跨度混凝土斜拉桥抗爆分析 [J]. 振动与冲击，2016，35（23）：209-215.

[117] 朱璨，马如进，陈艾荣. 爆炸荷载作用下缆索承重桥塔梁构件的破坏特征 [J]. 公路交通科技，2016，33（8）：92-98.

[118] 钱七虎. 反爆炸恐怖安全对策 [M]. 北京：科学出版社，2005.

[119] 刘自明. 桥梁结构模型试验研究 [J]. 桥梁建设，1999，4：1-7.

[120] 易刚，龚代瑜. 试论结构模型设计中的相似理论 [J]. 建材世界，2004，25（5）：38-39.

[121] 赵秋，陈美忠，陈有杰. 中国连续钢箱梁桥发展现状调查与分析 [J]. 中外公路，

2015，35（1）：00184.

[122] 朱庆菊. 钢箱梁斜拉桥 U 型加劲肋焊接技术总结［C］. 中国钢结构协会四届四次理事会暨全国钢结构学术年会，2006.

[123] 张玉磊，苏健军，姬建荣，等. 超压测试方法对炸药 TNT 当量计算结果的影响［J］. 火炸药学报，2014，37（3）：16-19.

[124] 刘玲，袁俊明，刘玉存，等. 自制炸药的冲击波超压测试及 TNT 当量的估计［J］. 火炸药学报，2015，38（2）：50-53.

[125] 陈昊，陶钢，蒲元. 冲击波的超压测试与威力计算［J］. 火工品，2010，2（1）：21-24.

[126] 北京工学院爆炸及其作用编写组. 爆炸及其作用［M］. 北京：国防工业出版社，1979.

[127] 张显丕. 水下爆炸压力传感器技术研究综述［J］. 计算机测量与控制，2011，19（11）：2600-2606.

[128] 赵东升. PVDF 压电薄膜制作传感器的理论研究［J］. 计算机测量与控制，2005，13（7）：748-750.

[129] 胡涛. 压力薄膜压力分布计算机测试系统研究［J］. 计算机测量与控制，2005，13（9）：897-899.

[130] Brode H. L. Blast wave from a spherical charge［J］. Physics of Fluids，1959，2（2）：217.

[131] 亨利奇. 爆炸动力学及其应用［M］. 北京：科学出版社，1987.

[132] G. Razaqpur，Waleed Mekky，Foo S. Fundamental concepts in blast resistance evaluation of structures［J］. Canadian Journal of Civil Engineering，2009，36（8）：1292-1304.

[133] 叶晓华. 军事爆破工程［M］. 北京：解放军出版社，1999.

[134] Wu C Q，Hao H. Modeling of simultaneous ground shock and airblast pressure on nearby structures from surface explosions［J］. International Journal of Impact Engineering，2005，31（6）：699-717.

[135] 杨鑫，石少卿，程鹏飞. 空气中 TNT 爆炸冲击波超压峰值的预测及数值模拟［J］. 爆破，2008，25（1）：15-18.

[136] 祝伟. 爆炸冲击载荷下加筋板的塑性动力响应［D］. 武汉：华中科技大学，2012.

[137] 毕继红. 工程弹塑性力学［M］. 天津：天津大学出版社，2008.

[138] 孙业斌. 爆炸作用与装药设计［M］. 北京：国防工业出版社，1987.

[139] 彭兴宁. 爆炸载荷作用下舰船板架的变形与破损［J］. 船舶力学，1996（2）：86-92.

[140] 徐芝纶. 弹性力学简明教程［M］. 北京：高等教育出版社，2013.

[141] Cloete T J，Nurick G N，Palmer R N. The deformation and shear failure of peripherally clamped centrally supported blast loaded circular plates［J］. International Journal of Impact Engineering Fifth International Symposium on Impact Engineering，2005，32（1-4）：92-117.

[142] 孙承纬. 应用爆轰物理［M］. 北京：国防工业出版社，2000.

[143] 炸药理论编写组. 炸药理论［M］. 北京：国防工业出版社，1982.

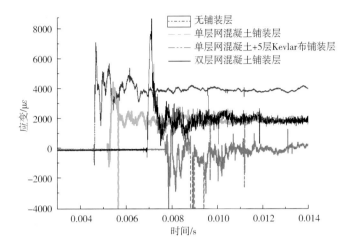

图 3.21 18 号应变片位置处不同铺装类别的应变时程曲线对比

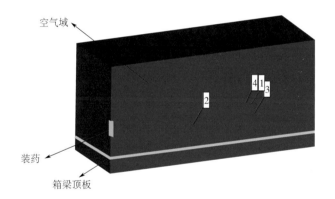

图 6.5 有限元计算模型

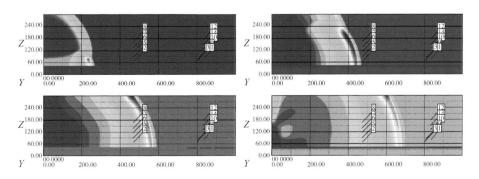

图 6.6 不同时刻压力场分布图

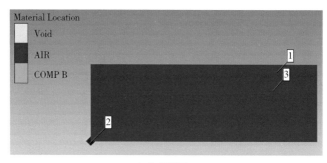

（a）俯视图

（b）剖面图

图 6.7　GL－1、GL－3、GL－5 的空气炸药模型俯视图和立面剖面图

Void—空物质；AIR—空气；COMB B—B 炸药

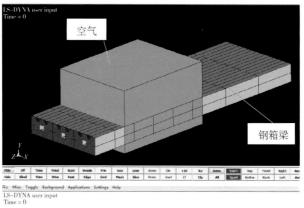

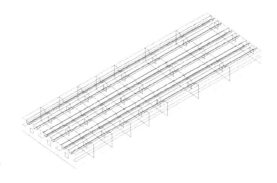

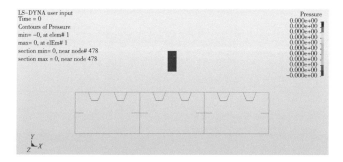

图 6.14　钢箱梁（GL－7）有限元模型

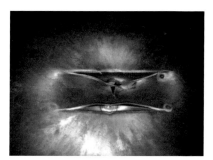

（a）GL-7开裂89mm/79mm/32mm，凹30mm

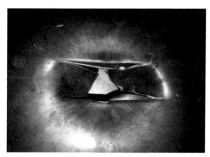

（b）GL-8开裂72mm/80mm/32mm，凹46mm

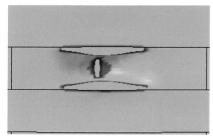

（c）GL-7模拟图91.8mm/30mm，凹27mm

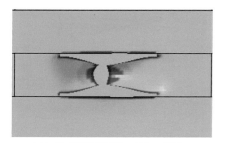

（d）GL-8模拟图99.7mm/33mm,凹40mm

图 6.15　GL－7 顶板破口模拟与试验对比图

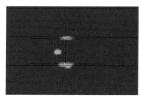

（a）230μs

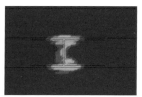

（b）240μs

（c）250μs

图 6.16

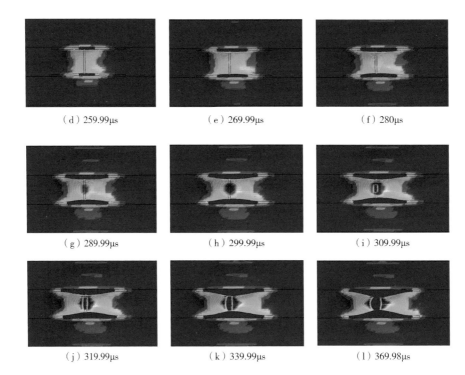

（d）259.99μs　　　　　　（e）269.99μs　　　　　　（f）280μs

（g）289.99μs　　　　　　（h）299.99μs　　　　　　（i）309.99μs

（j）319.99μs　　　　　　（k）339.99μs　　　　　　（l）369.98μs

图 6.16　GL－8 顶板爆炸核心区不同时刻塑性应变云图及破口过程

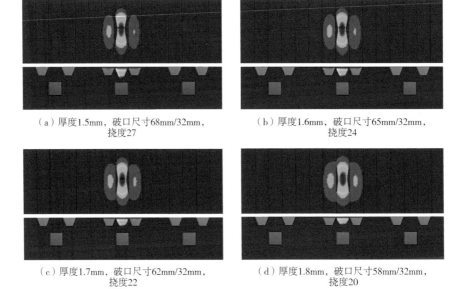

（a）厚度1.5mm，破口尺寸68mm/32mm，
挠度27

（b）厚度1.6mm，破口尺寸65mm/32mm，
挠度24

（c）厚度1.7mm，破口尺寸62mm/32mm，
挠度22

（d）厚度1.8mm，破口尺寸58mm/32mm，
挠度20

（e）厚度1.9mm，破口尺寸54mm/32mm，
挠度18

（f）厚度2.0mm，破口尺寸52mm/32mm，
挠度16

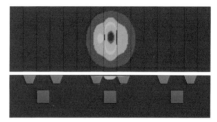

（g）厚度2.1mm，破口尺寸42mm/32mm，
挠度15

（h）厚度2.2mm，破口尺寸34mm/32mm，
挠度12.6

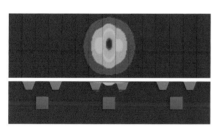

（i）厚度2.3mm，凹洞直径29mm，
无开裂，挠度11.4

（j）厚度2.4mm，凹洞直径28mm，
无开裂，挠度10.7

图 6.17　钢箱梁顶板破坏形状（在不同板厚的情况下）

破口尺寸指沿梁纵向方向；挠度指顶板沿梁 Y 方向最大位移

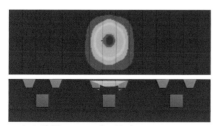

（a）肋厚0.5mm，破口尺寸36.8mm/32mm，
挠度20.56

（b）肋厚0.6mm，破口尺寸67.5mm/32mm，
挠度21.43

图 6.22

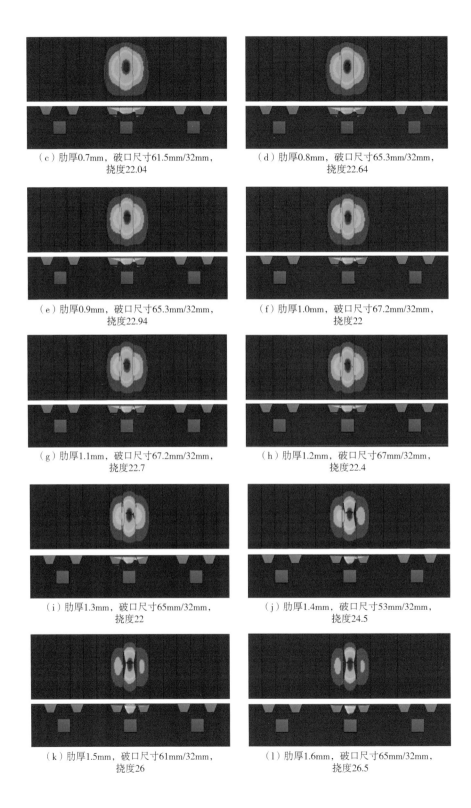

（c）肋厚0.7mm，破口尺寸61.5mm/32mm，
挠度22.04

（d）肋厚0.8mm，破口尺寸65.3mm/32mm，
挠度22.64

（e）肋厚0.9mm，破口尺寸65.3mm/32mm，
挠度22.94

（f）肋厚1.0mm，破口尺寸67.2mm/32mm，
挠度22

（g）肋厚1.1mm，破口尺寸67.2mm/32mm，
挠度22.7

（h）肋厚1.2mm，破口尺寸67mm/32mm，
挠度22.4

（i）肋厚1.3mm，破口尺寸65mm/32mm，
挠度22

（j）肋厚1.4mm，破口尺寸53mm/32mm，
挠度24.5

（k）肋厚1.5mm，破口尺寸61mm/32mm，
挠度26

（l）肋厚1.6mm，破口尺寸65mm/32mm，
挠度26.5

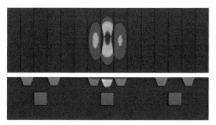

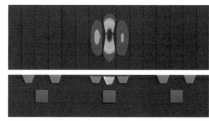

（m）肋厚1.7mm，破口尺寸65.3mm/32mm，挠度26.7

（n）肋厚1.8mm，破口尺寸65.3mm/32mm，挠度26.9

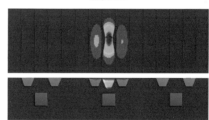

（o）肋厚1.9mm，破口尺寸69.4mm/32mm，挠度27

（p）肋厚2.0mm，破口尺寸68mm/32mm，挠度27

图 6.22　钢箱梁顶板破坏形状（在不同加劲肋厚度的情况下）

破口尺寸指沿梁纵向方向；挠度指顶板沿梁 Y 方向最大位移

（a）加劲肋厚度1.3mm，顶板1.5mm，加劲肋发生明显屈曲

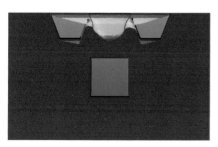

（b）加劲肋厚度1.1mm，顶板1.5mm，加劲肋发生明显屈曲

图 6.23

（c）加劲肋厚度0.8mm，顶板1.5mm，加劲肋发生明显屈曲

（d）加劲肋厚度0.7mm，顶板1.5mm，加劲肋发生明显屈曲，顶板没有开裂

（e）加劲肋厚度0.5mm，顶板1.5mm，加劲肋发生明显屈曲，顶板没有开裂

图 6.23　钢箱梁顶板破口剖面详图（在不同加劲肋厚度的情况下）